国家电网有限公司
STATE GRID
CORPORATION OF CHINA

电动汽车充换电设施建设运营问答丛书

电动汽车充换电设施
建设管理

国家电网有限公司营销部 编

中国电力出版社
CHINA ELECTRIC POWER PRESS

内 容 提 要

本书为国家电网有限公司电动汽车充换电设施建设运营问答丛书之一。

本书分为四章，第一章为规划计划，介绍了充换电设施规划布局、项目储备和配套保障内容；第二章为项目管理，介绍了过程管理、勘察设计、采购管理和供应商关系管理等内容；第三章为工程建设，介绍了施工组织、施工安全管理、土建工艺和电气工艺等内容；第四章为验收及投运，介绍了充电设备质量管理、充电桩接入车联网、项目验收、充电站投运、工程结算与决算、项目审计、财务转资、工程档案管理、项目后评价和废旧物资管理等内容。

本书适用国家电网有限公司下属单位从事电动汽车充换电服务网络建设运营的市场营销人员、客服人员、营业人员等相关人员使用。

图书在版编目（CIP）数据

电动汽车充换电设施建设管理 / 国家电网有限公司营销部编 . — 北京 : 中国电力出版社，2018.4（2018.10重印）
（国家电网有限公司电动汽车充换电设施建设运营问答丛书）
ISBN 978-7-5198-1793-0

Ⅰ . ①电… Ⅱ . ①国… Ⅲ . ①电动汽车－充电－基础设施建设－运营管理－中国－问题解答Ⅳ . ① U469.72-44 ② TM910.6-44

中国版本图书馆 CIP 数据核字（2018）第 039055 号

出版发行：中国电力出版社
地　　址：北京市东城区北京站西街 19 号（邮政编码 100005）
网　　址：http://www.cepp.sgcc.com.cn
责任编辑：杨敏群（010-63412531）　贾丹丹
责任校对：黄　蓓
装帧设计：赵珊珊　东方文墨
责任印制：蔺义舟

印　刷：北京瑞禾彩色印刷有限公司
版　次：2018 年 4 月第一版
印　次：2018 年10月北京第二次印刷
开　本：880 毫米 ×1230 毫米 32 开本
印　张：4
字　数：90 千字
定　价：22.00 元

编写组

组　　长　谢永胜　沈建新

副 组 长　贾俊国　宋天民　武　斌　赵　飞

杜维柱

成　　员　马建伟　李晓强　李　涛　刘晓天

殷庆铎　李雪梅　周国鹏　沈琪伟

王海涛　张　帆　张久深　郑思达

钟　侃　宗国宁　张　翼　卜晓雪

郑鹏婕

前言

加快发展电动汽车是党中央、国务院作出的重大决策部署，对于推动能源生产与消费革命，落实供给侧结构性改革、发展战略性新兴产业，具有十分重大的意义，是打赢蓝天保卫战、让人民生活更美好的重要保障。近年来，国家电网有限公司全面贯彻党中央、国务院决策部署，主动承担央企责任，加强充换电设施配套电网建设，建成全球覆盖范围最广、接入充电桩数量最多的智慧车联网平台，创新建立了具有自主知识产权、技术领先的中国充换电标准体系，规范和引领我国充换电设施快速发展。截至2017年底，累计建成充换电站6000余座、充电桩5.6万台，建成“九纵九横两环”高速快充网络，有力促进了我国电动汽车产业发展。

随着电动汽车充换电服务网络规模快速增长，对充换电设施建设运营工作提出了更高要求。为进一步提升充换电设施建设运营水平，国家电网有限公司营销部组织国网北京、天津、河北、冀北、山东、上海、江苏、浙江、福建、湖北、四川电力公司，国网电动汽车公司、南瑞集团、许继集团等单位及有关专家，总结建设运营实践经验，针对实际工作中经常遇到的问题，编写了“电动汽车充换电设施建设运营问答丛书”。本丛书共分4册，分别为《电动汽车充换电设施建设管理》《电动汽车充换电设施运维管理》《电动汽车充换电服务管理》和《电动汽车充换电关键技术》，希望能够对从事充换电设施建设运营工作的相关人员提供有益的参考。

本书为《电动汽车充换电设施建设管理》，共分为四章：第一章规划计划，主要介绍充换电设施规划布局和项目储备；第二章项目管理，主要介绍充换电设施建设项目过程管理、勘查设计、采购管理、供应商关系管理；第三章工程建设，主要介绍施工组织、施工安全管理、土建和电气工艺；第四章验收及投运，主要介绍充电设备质量管理、充电桩接入车联网、项目验收、充电站投运及工程结决算等。

鉴于时间和水平所限，本书疏漏之处在所难免，恳请读者批评指正。

编者

2018年4月

目　录

前　言

第一章　规划计划

第一章

规划计划

第一节　规划布局

1. 如何开展充换电网络规划编制？

充换电网络规划是充换电网络建设布局的重要依据，应与城市发展规划、电网规划和电动汽车推广应用相结合，纳入国家电网有限公司营销发展规划和电网智能化规划，并逐年进行滚动修编，为年度计划和预算编制提供依据。其编制的工作要求如下：

（1）应科学编制国家电网有限公司充换电网络规划。重点在高速公路服务区、大型公共停车场、交通枢纽停车场、P+R 停车场（停车－换乘站）、旅游景点、商场、酒店、写字楼等布局充换电设施，规划要明确充换电设施建设位置和建设时序，要具备实质性指导项目建设的条件。

（2）应积极主动争取当地政府充换电基础设施专项规划编制任务。积极向地方各级能源主管部门汇报，积极参与地方充换电基础设施规划编制，主动承担编制任务，推动国家电网有限公司充换电网络规划纳入政府充电基础设施规划，促进电动汽车产业发展。

2. 国家电网有限公司充换电网络规划工作中各级单位职责是如何划分的？

地市供电企业营销部负责编制本单位充换电网络发展规划，配合地市公司发展部、运检部将配套电网建设与改造纳入本市配电网规划和大检修专项规划。省公司营销部负责审查地市供电企业充换电网络发展规划，编制本单位充换电网络发展规划，配合省公司发展部、运检部将配套电网建设与改造纳入本省配电网规划和大检修专项规划。国网电动汽车公司负责承担公司充换电网络总体规划的具体研究工作，提出规划边界条件、规划目标和各级单位规划目标分解方案的建议。受公司委托，具体组织对各级单位充换电网络发展规划的评审，提出评审意见建议。国网营销部负责组织编制公司充换电网络总体规划，并纳入公司营销发展规划，负责组织评审各级单位充换电网络发展规划。

3. 充换电网络规划的重点内容有哪些?

充换电网络规划应包括电动汽车及充换电设施发展现状、充换电设施发展需求预测、充换电设施发展目标及计划实施情况。

（1）电动汽车及充换电设施发展现状包括电动汽车推广应用现状、充换电设施建设现状，电动汽车及充换电设施发展相关政策等。

（2）充换电设施发展需求预测包括电动汽车推广应用需求预测、充换电设施配置原则、充换电设施需求预测。

（3）充换电设施发展目标应研究提出总体发展目标、重点区域发展目标。

（4）计划实施应包括实施组织、保障措施、投资规模测算、实施效果等。

4. 如何评价电动汽车及公共充电设施发展现状?

电动汽车及公共充换电设施发展现状应从电动汽车推广应用现状、充换电设施建设现状、电动汽车及充换电设施发展相关政策等几方面开展分析评价。

（1）电动汽车推广应用现状。应从电动汽车生产、销售以及主要应用领域等方面总结分析电动汽车推广应用的现状，并统计私人乘用车、出租车、公务车、物流车、公交车、环卫车、行业专用车等各类型电动汽车数量、产品结构、区域分布、推广领域。

（2）充换电设施建设现状。应从充换电设施的建设、运营以及主要参与主体等方面总结分析电动汽车充换电设施的现状，并统计公共充电站、专用充电站、公共充电桩、专用充电桩等各类型充换电设施的数量。

（3）电动汽车及充换电设施发展相关政策。主要包括地方发展规划、地方补贴、道路通行权、土地使用等优惠政策、城市规划、充换电服务价格政策等方面的内容。

5. 如何预测电动汽车推广应用需求？

可采用替代比例法预测电动汽车推广应用需求，具体方法如下：

（1）根据上一规划期内各类型车辆增长趋势，预测本地区各类型车辆在本规划期总体增长趋势。

（2）结合当地政府有关电动汽车更新替代比例的规划目标以及电动汽车实际增长情况，预测本规划期内各年度电动汽车在车辆更新替代中所占的比例。

（3）根据车辆总体增长趋势和电动汽车更新替代比例，预测出本地区规划期内各年度各类型电动汽车的推广应用需求。

6. 如何预测公共充电设施需求？

电动汽车可采取私人专用充电设施、单位专用充电设施、公共充电设施等方式进行充电。公共充电设施需求是指为满足电动汽车行驶需要，配套建设的公共充电设施数量，测算方法如下：

（1）根据车辆行驶特性和规划期内各年度各类型电动汽车推广应用需求，预测电动汽车总体充电需求。

（2）根据各类车型的使用习惯设定公共充电需求比例，并测算电动汽车总体公共充电需求。

（3）根据当地公共充电设施平均利用小时数，计算得出公共充电设施需求预测。

7. 国家“十三五”充电网络建设规划发展目标是什么？

《电动汽车充电基础设施发展指南（2015~2020 年）》（发改能源［2015］1451 号）提出，按照适度超前原则明确充电基础设施建设目标。到 2020 年，满足全国 500 万辆电动汽车充电需求，优先建设公交、出租及环卫与物流等公共服务领域充电基础设施，积极推进公务与私人乘用车用户结合居民区与单位停车位配建充电桩，合理布局社会停车场所公共充电基础设施，结合骨干高速公路网，建设城际快充网络。

按充电设施发展基础和充电需求差别，将全国分成三个区域，加快发展地区是指北京、天津、河北、辽宁、山东、上海、江苏、浙江、安徽、福建、广东、海南；示范推广地区是指山西、内蒙古、吉林、黑龙江、江西、河南、湖北、湖南、重庆、四川、贵州、云南、陕西、甘肃；积极促进地区是指广西、西藏、青海、宁夏、新疆。不同的区域设定不同的规划目标，见表 1-1。

表1-1　不同区域公共充电网络规划目标（2020年）

地区		公共充电桩与电动汽车比例	城市核心区公共服务半径（千米）	城际快充网络
加快发展地区	新能源汽车推广城市	≥1/7	<0.9	率先建成京津冀、长三角、珠三角三个区域城际网络
	其他城市	≥1/12	<2	

续表

地区		公共充电桩与电动汽车比例	城市核心区公共服务半径（千米）	城际快充网络
示范推广地区	新能源汽车推广城市	≥1/8	<1	加强与加快发展地区互联互通，逐步推进全国范围城际快充网络
	其他城市	≥1/15	<2.5	
积极推促地区（省会等主要城市）		≥1/12	<2	按需开展城际快充网络建设

8. 公共充电网络建设布局应注意哪些问题？

公共充电网络包含城市充电站和高速公路充电站，建设布局应满足电动汽车现在和未来的出行需求、加快电动汽车推广，并注意以下几方面问题：

（1）应该结合城市发展规划，符合本地区电动汽车产业发展现状及趋势，统一标准、科学布局、便捷实用。

（2）可适当遵循差异化原则，根据不同地区的经济社会发展水平、用户数量、环境要求，采用差异化的布局建设标准，在需求量大、设施紧缺的地区加快布局，合理满足地域发展需要。

（3）应把城市充电站和高速公路充电站两者作为一个整体进行规划，实现城市内、城际间的快速充电能力有效衔接、优化布局。

（4）高速公路充电站布局在满足整体高速公路快充网络规划的同时，兼顾本省重点城市间互联需求，详细排定建设时序，尽量选择服务区出入口明显位置。

（5）城市充电站建设应通过全面细致的前期调研评估，优先落点在城市核心区、功能区以及热点地区等电动汽车分布相对集中和发展预期前景较好的区域。

9. 如何开展充换电网络建设规划实施效益测算?

充换电网络建设规划实施效益测算是指如果按照规划实施，对应电动汽车产销量目标，测算规划期内累计充电量、节约替代燃油、减少二氧化碳排放、充电设施建设投资、拉动电动汽车和动力电池产值等方面的实施效益。

充电量和节约替代燃油效益可参考典型电动汽车行驶特性以及油耗、电耗特性，见表 1–2。

表1–2 典型电动汽车行驶特性以及油耗、电耗特性参考值

车型	年平均行驶里程（千米）	百公里平均油耗（升）	百公里平均电耗（千瓦时）
公交车	60000	40	80
出租车	100000	8	18
物流车	40000	10	20
公务车	15000	10	20
私人乘用车	15000	10	20

减排效益与产业带动效益可参照以下典型参数测算：每替代 1 吨燃油约减少排放二氧化碳 0.45 吨，动力电池价格按平均 2500 元 / 千瓦时，大型电动汽车按平均 100 万元 / 辆，小型电动乘用车按平均 25 万元 / 辆。

10. 政府在充换电设施项目规划审批方面有哪些保障政策?

《关于加快电动汽车充电基础设施建设的指导意见》（国办发〔2015〕73 号）文件指出，各地要按照简政放权、放管结合、优化服务的要求，减少充电基础设施规划建设审批环节，加快办理速度。

个人在自有停车库、停车位，各居住区、单位在既有停车位安装充电设施的，无须办理建设用地规划许可证、建设工程规划许可证和施工许可证。建设城市公共停车场时，无须为同步建设充电桩群等充电基础设施单独办理建设工程规划许可证和施工许可证。新建独立占地的集中式充换电站应符合城市规划，并办理建设用地规划许可证、建设工程规划许可证和施工许可证。

11. 政府在充换电设施项目建设用地方面有哪些保障政策？

《关于加快电动汽车充电基础设施建设的指导意见》（国办发［2015］73 号）文件指出，各地要将独立占地的集中式充换电站用地纳入公用设施营业网点用地范围，按照加油加气站用地供应模式，根据可供应国有建设用地情况，优先安排土地供应。供应新建项目用地需配建充电基础设施的，可将配建要求纳入土地供应条件，允许土地使用权取得人与其他市场主体合作，按要求投资建设运营充电基础设施。鼓励在已有各类建筑物配建停车场、公交场站、社会公共停车场、高速公路服务区等场所配建充电基础设施，地方政府应协调有关单位在用地方面予以支持。

第二节　项目储备

12. 如何开展充换电设施建设项目储备？

充换电设施建设项目储备流程如下：

（1）国家电网有限公司统一安排启动下一年度项目储备工作。

（2）各地市供电企业营销部负责收集、整理本单位下年度充换电设施建设项目需求，提出储备项目建议并编制项目可行性研究报告，经本单位初审后上报省公司。

（3）省公司营销部初审限上充换电项目可行性研究报告，组织评审、批复限下及零星项目可行性研究报告，审查、评级和排序地市供电企业充换电储备项目建议，纳入营销储备项目。

（4）国网营销部负责组织评审、批复限上的充换电网络建设项目可行性研究报告，审批所属各级单位充换电网络储备项目建议，纳入营销储备项目。

13. 充换电设施建设项目可行性研究有何管理要求？

可行性研究是指在调研的基础上，通过市场分析、技术分析、财务分析和效益分析，对投资项目的技术可行性与经济合理性进行的综合评价。

（1）充换电设施建设项目须开展可行性研究，由具体负责项目实施的部门及单位组织编制项目可行性研究报告。

（2）项目可行性研究报告应由具有项目评审资质的单位进行评审，未履行可行性研究报告评审程序的，不得纳入项目储备。

14. 充换电设施建设项目可行性研究报告主要包括哪些内容？

充换电设施建设项目可行性研究报告主要包括项目必要性、项目建设目标、项目内容及建设方案、主要设备材料清册、投资估算书、投资效益分析等。

（1）项目必要性应从充换电设施建设现状、问题、技术、经济等方面论证项目的必要性。

（2）项目建设目标应结合现状和问题，提出项目建设目标。

（3）项目内容及建设方案应提出充换电设施建设项目内容、规模及方案，论证项目方案的先进性、合理性、可能性，制定项目实施时序。

（4）主要设备材料清册应包括清册编制说明和主要设备材料表。

（5）投资估算书应包括项目总体投资金额、编制原则和依据、投资估算表。

（6）投资效益分析应从管理效益、经济效益和社会效益等方面分析。

15. 典型高速公路充电站是如何配置和建设的？

高速公路充电站为电动汽车提供快速充电服务，站内配置充电机、配电设备、监控设备及其他辅助设施。典型的高速公路充电站工程建设规模如下：

（1）配置 4 台功率为 120 千瓦的分体式直流充电机，可同时为 8 辆电动乘用车提供快速充电服务。

（2）配套建设 1 台容量为 630 千伏安的箱式变压器，电压等级为 10/0.4 千伏。

（3）建设 1 回 10 千伏电源进线及相应监控、通信系统。

典型高速公路充电站平面布置如图 1-1、图 1-2 所示。

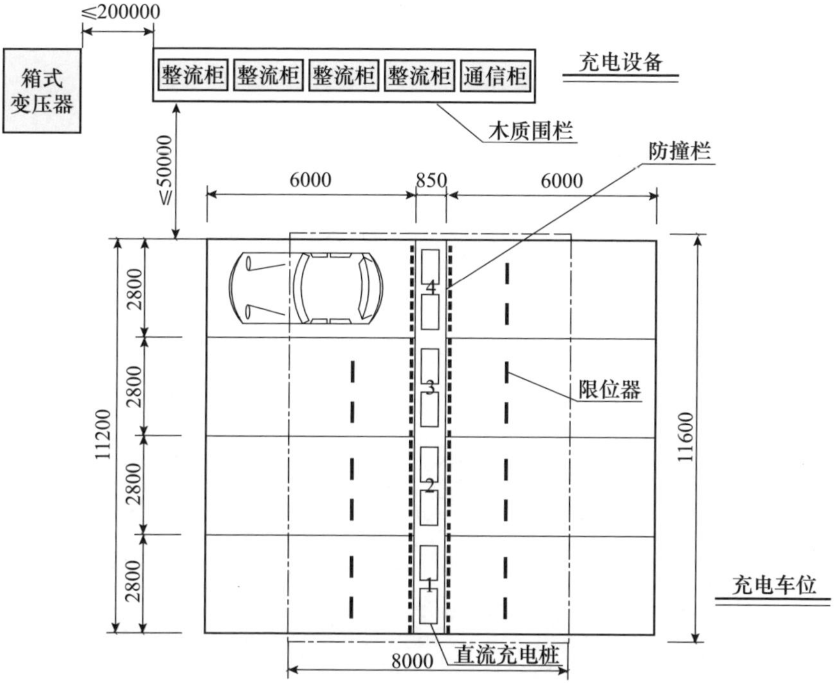

图1-1 典型高速公路充电站平面布置图（两列）（单位：mm）

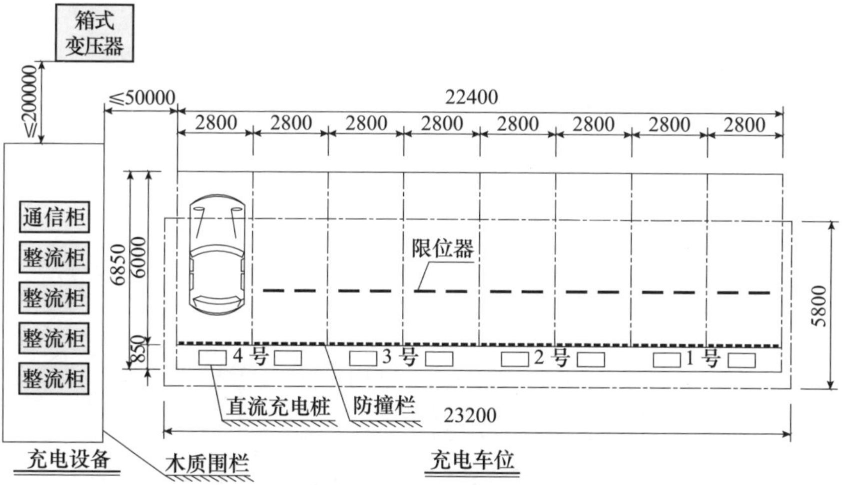

图1-2 典型高速公路充电站平面布置图（单列）（单位：mm）

16. 充换电设施建设项目可行性研究技术经济估算编制原则是什么？

可行性研究技术经济估算是指在建设项目的投资决策阶段，在对项目的建设规模、技术方案、设备方案以及工程方案等进行研究并基本确定的基础上，采用一定方法，对拟建项目投资额所做的估计、计算、核定及相应文件的编制。

充换电设施建设项目技术经济可行性研究估算应由项目建设单位的经济技术研究院所编制，估算应合理测算项目投资规模，严禁估列费用。充换电设施建设项目取费标准原则上参照《20kV 及以下配电网工程建设预算编制与计算标准》《20kV 及以下配电网工程预算定额》《电网技术改造工程预算编制与计算标准》和《电网技术改造工程预算定额》等执行，其他未涵盖部分可参照国家及地方相关标准执行。

17. 充换电设施建设项目可行性研究评审要点有哪些？

充换电设施建设项目可行性研究评审应侧重于项目必要性、项目主要技术方案可行性、项目投资测算合理性。主要评审要点如下：

（1）项目建设内容、建设规模、工程投资金额、取费标准、材料价格等。

（2）项目可行性研究报告编制所依据的规程、规范和标准等。

（3）项目可行性研究报告文件是否完整，深度是否满足规定。

（4）技术改造项目所涉及的设备（装置、设施等）运行现状、技术资料、故障缺陷以及存在问题的统计或分析。

（5）设备（装置、设施等）改造修理的技术依据或相关检测报告。

（6）项目实施条件及临时过渡方案等。

（7）项目多方案技术经济比较。

（8）相关外部协议。

18. 如何开展充换电设施建设项目的计划和预算建议提报？

充换电设施建设项目计划和预算纳入国家电网有限公司综合计划和全面预算进行管理。

（1）国家电网有限公司营销部根据公司电动汽车充换电业务发展形势，结合充换电设施建设项目储备情况，在与国家电网有限公司发展部和财务部进行沟通的基础上，提出下一年度项目计划和预算安排的原则和总控目标建议，并根据国家电网有限公司综合计划和预算编制的指导意见，启动各单位充换电建设项目计划和预算编制工作。

（2）省公司营销部接到启动项目计划和预算编制工作通知后，根据本单位充换电设施建设项目储备情况，结合投资能力，提出下一年度项目计划和预算建议，并报送省公司发展部和财务部。

19. 如何开展充换电设施建设项目计划和预算审定？

国家电网有限公司营销部根据公司总体控制目标，对各单位上报的营销项目计划和预算建议进行审议和初步平衡，报送国家电网有限公司发展部和财务部统筹平衡后，分别纳入综合计划和全面预算并通知省公司营销部。

20. 如何开展充换电设施建设项目计划和预算下达？

充换电设施建设项目计划和预算下达流程包括预算下达、预算分解和预算执行，具体包括：

（1）年度充换电设施建设项目计划和预算由国家电网有限公司发展部和财务部分别纳入国家电网有限公司综合计划和全面预算统一下达。

（2）年度综合计划和全面预算下达后，省公司营销部可根据具体情况将年度充换电设施建设项目计划和预算进一步分解。

（3）各项目单位严格执行公司下达的充换电设施建设项目计划和预算，严禁计划和预算外安排项目。

第三节　配套保障

21. 如何协调充换电设施配套电源接入工程？

充换电设施建设项目管理部门要做好配套电源接入工程立项和实施过程的协调工作，保障充电设施本体完工后及时接电投运。

（1）配套电源项目由发展部门负责储备立项，充换电设施项目管理部门要尽早确定站点选址，将外电源项目需求报送发展部门，尽量做到配套电源接入工程与充换电设施建设工程同步储备，有条件的单位可以申请将配套工程纳入本单位应急项目包管理，以缩短配套工程实施周期。

（2）充换电设施建设项目管理部门要密切关注配套电源接入工程实施进度，定期与发展和运检等部门召开工程建设协调会，协调解决影响工期质量的关键问题，推进配套电源接入工程与充换电设施本体工程同步实施、同步送电。

第二章

项目管理

第一节 过程管理

22. 充换电设施建设项目的实施流程是什么？

充换电设施建设项目实施是指在项目立项后、工程正式投运前开展的工程实施活动，主要实施流程包括以下8个重点环节，如图2-1所示。

（1）设计招标。充换电设施项目立项后，首先进行设计招标，项目单位按照招标批次安排提报设计服务需求，根据招标结果签订设计合同。

（2）初步设计评审。设计合同签订后，项目单位及时组织项目初步设计编制，编制周期一般控制在5个工作日内，项目初步设计的编制评审完整和及时是规范施工的重要保障，可采用集中编制、交叉审查、模板式审查等方式提高编审工作效率。

（3）施工招标。初步设计评审通过后，项目单位开展充换电设施工程建设的施工招标，根据招标结果签订施工合同。同期还应该完成充换电设备等物资的招标提报工作。

（4）入场施工。在初步设计评审后、开工前，施工单位完成施工方案编制并通过项目单位确认。施工方案确定后即刻组织监理、设计、施工、设备供应商等单位开展设计交底，并形成书面交底记录，落实交底责任人。

（5）设备安装。土建基础施工完毕并且充换电设备到货后，项目单位组织施工单位按照安装图纸进行接线。

（6）设备调试。充换电设备安装完毕后，项目单位按照供电公司业扩报装相关要求，完成充换电设施报装接电，然后通知设备供应商进行设备调试。

（7）联调测试。充换电设备单机调试通过后，项目单位开展车联网平台接入调试准备工作，设备供应商与车联网平台开展设备接入调试。

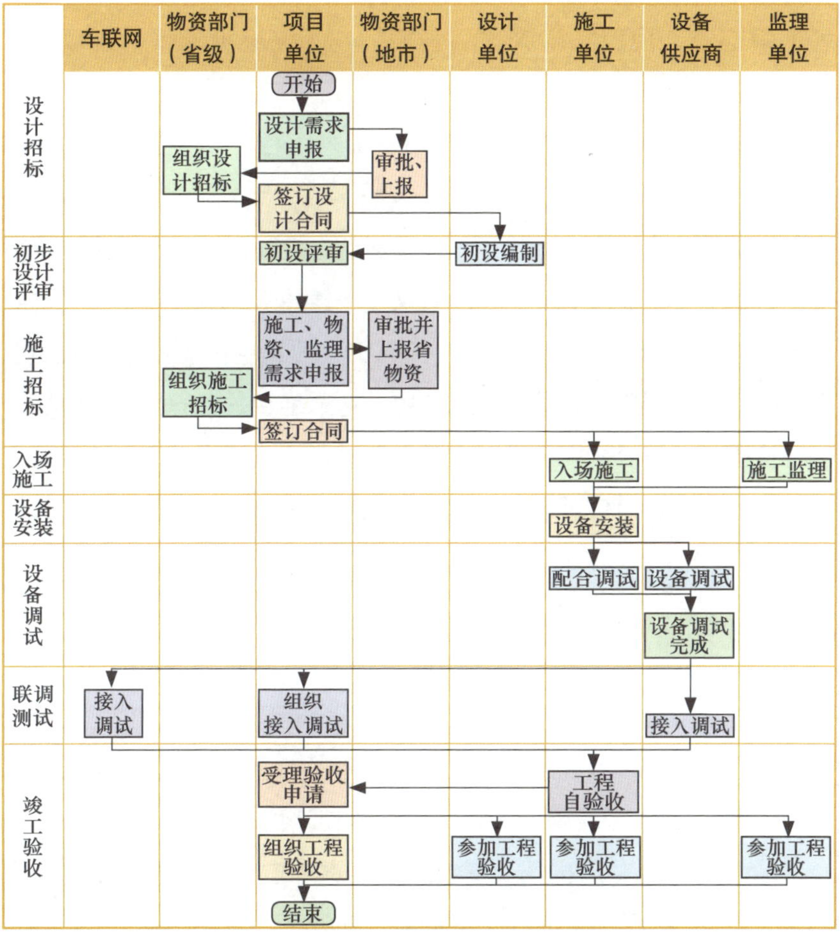

图2–1　充换电设施建设项目实施流程图

（8）竣工验收。充换电设备接入车联网平台后，项目单位组织相关单位和专家开展项目竣工验收。

23. 如何做好充换电设施建设项目实施过程管控？

各级单位应建立健全高效的工程建设管理组织体系。全面组织管理工程进度、安全和质量，落实管理责任，制订里程碑建设计划保障措施，规范实施流程和管控机制，统筹协调解决工程建设中的问题，特别是在施工许可办理、物资供应履约、配套供电设施协调、信息安全防控等重点环节加强协同配合，确保工程建设顺利实施。

各级单位应建立有效的工程建设实施全过程管控机制。全过程管控内容包括工程进度、安全和质量管控，管控方式包含建立工程调度例会制度、制订管控统计报表、开展工程质量中间验收、采取通报考核措施等，采用“日管控、周调度、月总结、关键节点重点督导”的管控模式。省公司可组织成立工程质量监督巡视组，定期开展巡视检查，指导建设单位开展工程建设，及时发现进度和质量问题，督导整改。

24. 如何协调充换电配套供电设施建设工程？

以充换电设施供电变压器低压综合配电箱（低压配电柜）出线开关为管理分界点，分界点及以上配套供电设施建设纳入配电网工程项目管理，分界点以下部分纳入公司充换电项目管理。

地市供电企业运检部负责组织制定本单位充换电设施配套电网的接入方案，组织开展本单位充换电设施配套工程的建设、管理工作。省公司运检部负责组织开展辖区内充换电设施配套电网工程全过程管理工作。国网运检部负责组织制定充换电设施配套电网的建设改造技术原则，对各单位充换电设施配套电网接入工程的建设工作进行指导和评价。

充换电设施项目管理部门要尽早确定站点选址，尽量做到配套供电设施工程与充换电设施建设工程同步储备、同步立项。充换电设施建设项目下达后，充换电设施建设项目管理部门要密切关注配套供电设施工程实施进度，定期与运检部召开工程建设协调会，协调解决工期质量的关键问题，推进配套供电设施工程与充换电设施本体工程同步实施。

25. 如何合理缩短充换电设施建设周期？

充电设施工程建设执行国家及国家电网有限公司现行有关规范、标准及政策，工程建设周期根据各环节管控实际存在差异，最短工期可以控制在 5 个月内，最长工期不应超过 8 个月。

充换电设施建设项目单位应采用全过程管控方式，合理安排建设流程，尽量多安排并行环节，避免串行环节的空档期，缩短建设周期。如进场施工许可（备案）办理可与物料准备并行，避免现场施工与物资供应空档期；充电设备现场检测可与接入并行，避免设备检测接入与竣工验收空档期等情况。

26. 车联网平台中项目全流程管理模块主要包括哪些功能？

车联网平台提供从项目计划下达到验收投运的全流程管理模块，主要包括项目计划管理、资金进度管理和里程碑进度管理等。具体流程如图 2-2、图 2-3 所示。

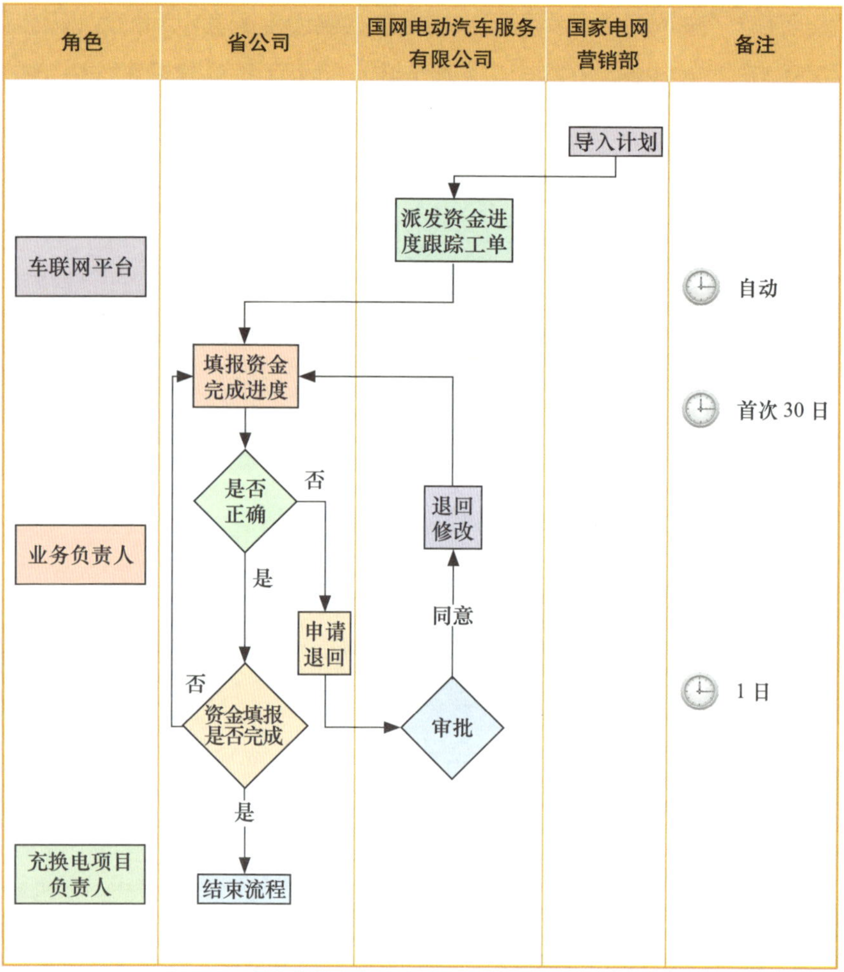

图2-2　充换电项目资金管理流程

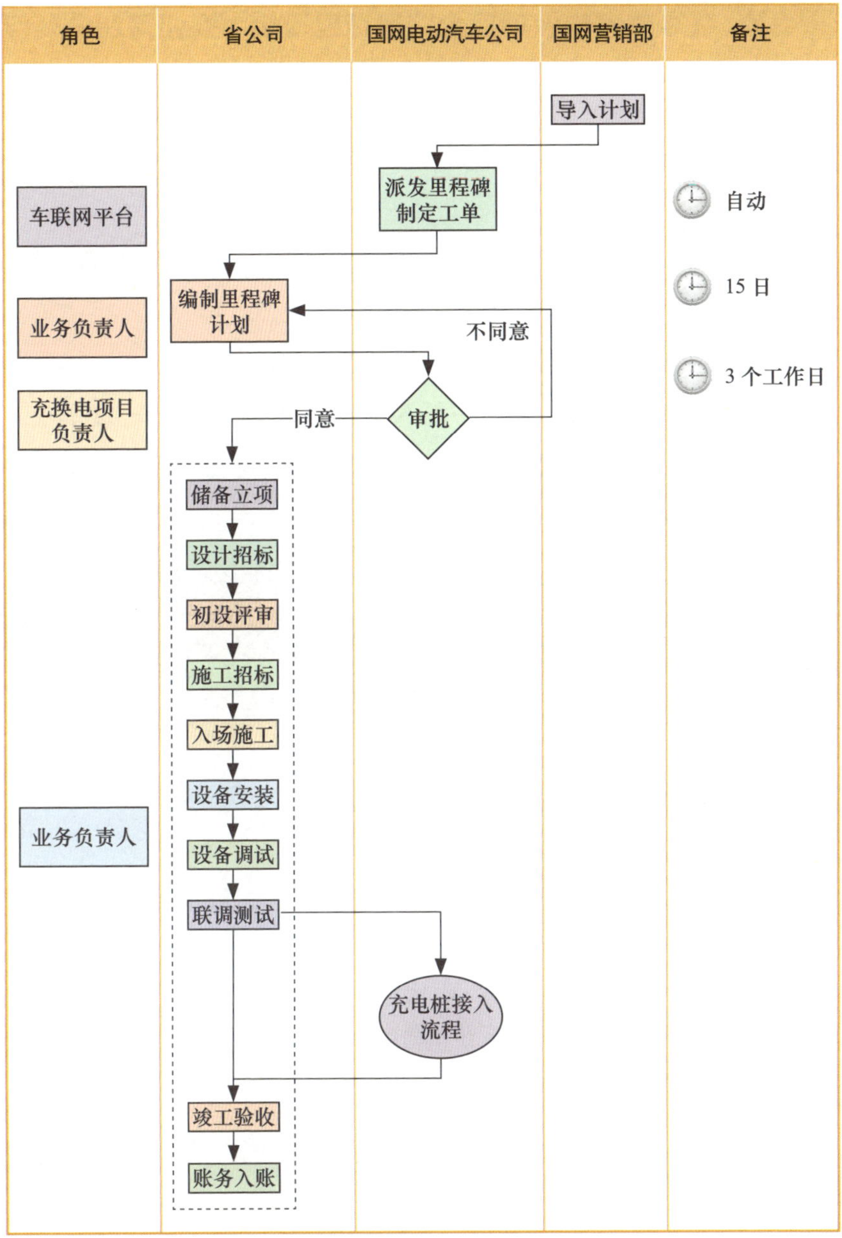

图2-3 充换电项目里程碑管理流程

27. 在车联网平台项目全流程管理模块中是如何划分项目类型的？

车联网平台项目全流程管理模块按照项目内容和时间跨度，可分为以下类型：

（1）按项目内容不同，划分为充电站建设、充电桩接入、技术改造、其他（租赁费、服务费、流量费）等类型。其中：充电站建设项目是指集中式充电站或分散充电桩新建项目；充电桩接入项目是指各单位投资建设的存量充电桩进行的车联网接入调试项目；技术改造项目是指各单位投资建设的存量充电桩为满足新国家标准或充电服务要求而进行的技术改造项目。

（2）按项目实施的时间跨度不同，划分为新建项目、续建项目、跨年项目。其中：新建项目一般为年初确定，需要年内完成的项目；跨年项目一般为下半年下达的调整计划，需要跨年才能完成的项目；续建项目是上一年度未全部完成，在本年度继续建设的项目。

28. 项目资金进度填报如何操作？

国家电网有限公司营销部通过模板导入各省公司项目并提交后，对应的省级用户登录平台领取并处理资金进度待办工单，一次更新以后可以在“项目资金进度填报”中再次更新资金进度。

省级用户登录后，选择系统功能菜单中的“项目管理”→“资金进度填报”，系统进入如图 2-4 所示界面。

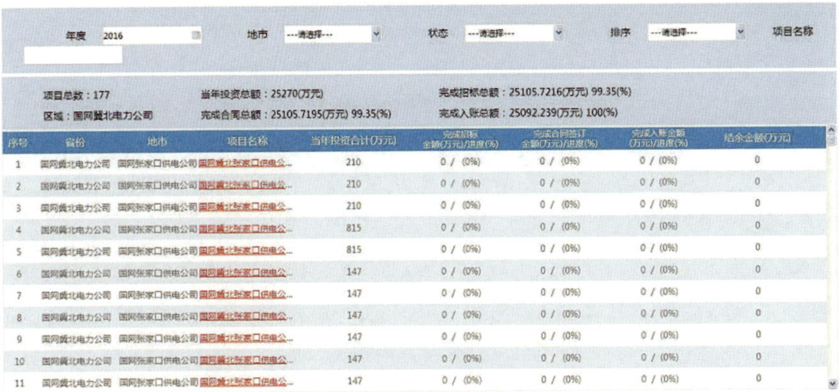

图2-4　资金进度填报界面

找到要填写的项目名称并单击，系统进入如图 2-5 所示界面。

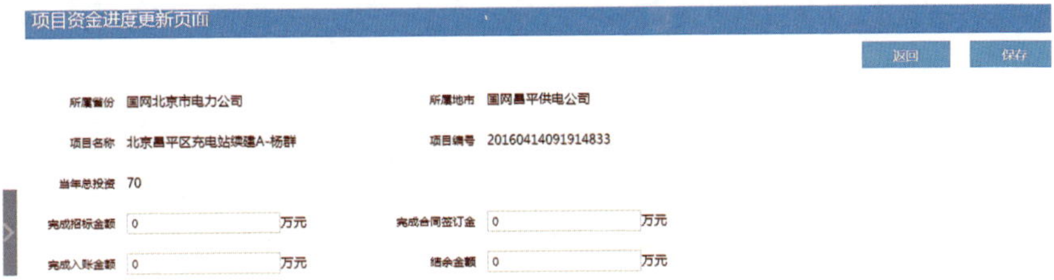

图2-5　项目资金进度更新页面

按照实际进度填写“完成招标金额”“完成合同签订金”“完成入账金额”“结余金额”，保存并提交当前填写的项目资金进度信息，工单处理完结。

处理过的项目资金进度，会出现在项目管理模块下的项目资金进度填报里面，第二次资金进度更新可以从列表选择项目进行更新。

省级用户登录后，单击系统功能菜单中的“项目管理”→“项目资金进度填报”，系统进入如图 2-6 所示界面。

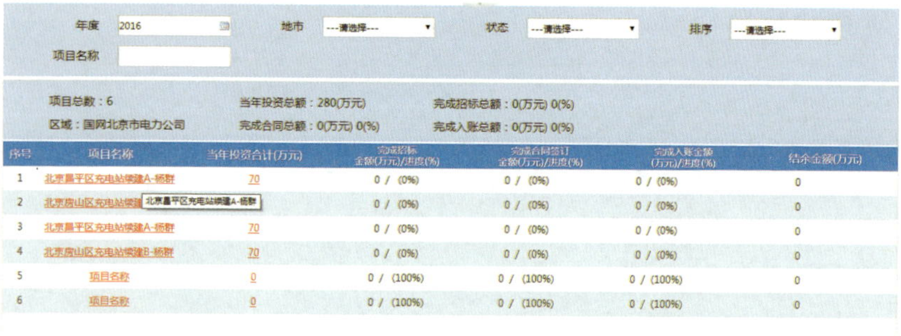

图2-6　项目资金进度界面

选择一个项目，单击项目名称的链接，可以编辑更新项目资金进度，进入如图 2-7 所示界面。

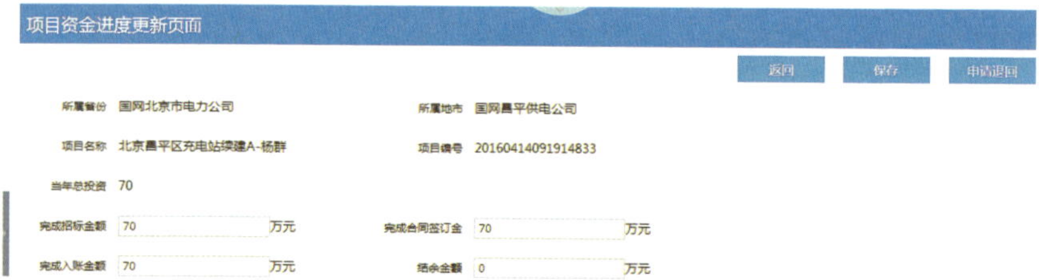

图2-7　项目资金进度更新界面

按照项目的实际进度，填写“完成招标金额”“完成合同签订金额”“完成入账金额”“结余金额”，选择【保存】按钮可保存当前填写的项目资金进度信息，此时金额只能增加不能减少。

29. 如何制订充换电设施建设项目里程碑计划?

充换电设施建设项目里程碑计划主要是对项目类型为充电站和充电桩接入的项目进行填报，技术改造项目和其他项目只填报资金进度。省公司应组织地市公司于里程碑计划制订工单下发 15 日内，确定实际工程建设位置和建设规模，填报里程碑计划，每个项目可对应

1 个或多个站点，每个站点分配一定数量的充电桩建设规模，该项目全部充电桩分配完毕即完成该项目里程碑计划制订工单，站点名称应符合统一规范要求，站点命名规则详见表 2-1。在储备立项、设计招标、初步设计评审、施工招标、入场施工、设备安装、设备调试、联调测试、竣工验收、财务入账各环节设置关键控制时间点。

国网电动汽车公司负责审批里程碑计划的科学性和合理性，审核通过的里程碑计划可进入进度跟踪阶段。在工程建设过程中，省公司和地市公司应根据工程建设进度及时更新关键控制点进度，填报控制点实际完成时间。里程碑计划需调整的，按项目调整流程执行。国网电动汽车公司应做好进度管控，对里程碑进度滞后的，加强督导。

表2-1 各类型充电站命名规则及示例

站点类型	命名规则	命名示例
高速公路充电站	高速公路名称（中文）+服务区名称+充电站+（方向）	京港澳高速窦店服务区充电站（北京方向）
城市公共充电站	省+市+区（县）+街道或标志性地标及位置说明+充电站	北京市西城区前门大街大栅栏B3停车场充电站
专用充电站	省+市+区（县）+场站性质+充电站+（专用）	安徽省合肥市琼海区临泉路龙岗公交场充电站（专用）
内部充电站	省+市+区（县）+单位+充电站+（内部）	北京市西城区广安大厦国网电动汽车公司充电站（内部）

30. 里程碑计划如何填报？

国家电网公司营销部用户通过模板导入项目并提交后，对应的省级用户登录平台领取并处理里程碑计划待办工单。省级用户登录后，选择系统功能菜单中的“我的任务”→“我的待办”，进入如图 2-8 所示界面。

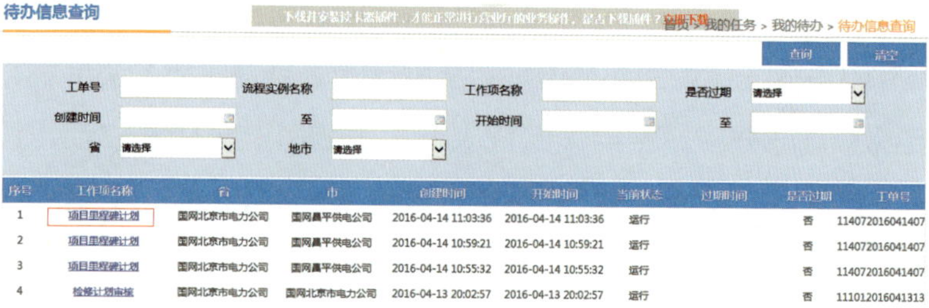

图2-8　待办信息查询界面

找到“项目里程碑计划”工单并单击，进入如图 2-9 所示界面。

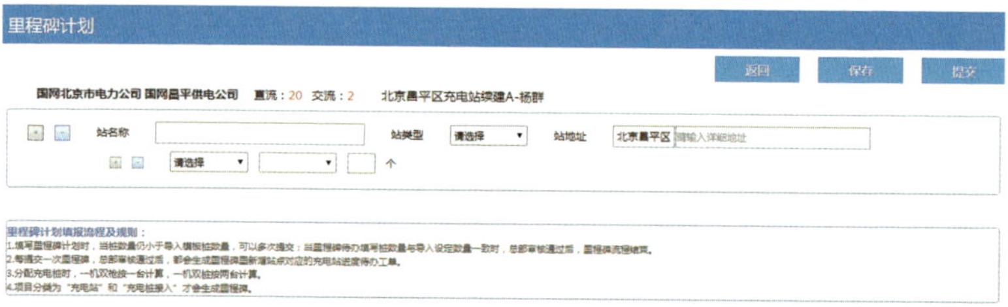

图2-9　里程碑计划待办界面

填写“站名称”“站类型”“站地址”“桩类型”“桩单位”“数量”，站点可以添加和删除，每个站中的桩也可以添加和删除；填写完毕后单击【保存】按钮，生成里程碑进度节点填写信息，如图 2-10 所示。

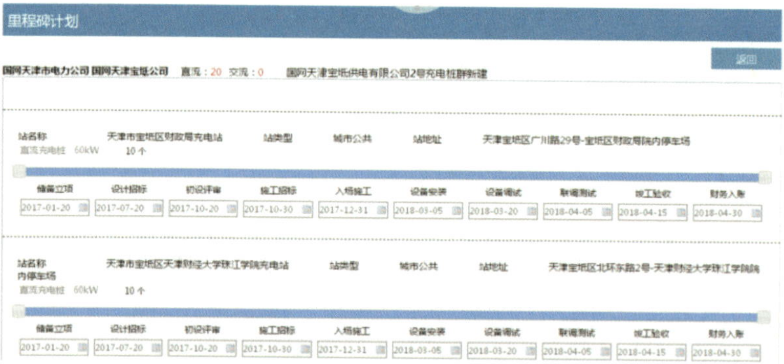

图2-10　里程碑计划待办界面（填写信息）

按照项目类型，新建项目的里程碑节点头尾固定；跨年项目的里程碑节点头部固定，尾部可以移动；续建项目的里程碑节点尾部固定，头部可以移动。确定里程碑节点后填写各节点的计划完成时间。单击【提交】按钮，里程碑计划提交审核。

审核通过后，若里程碑中项目总的桩数量和项目中设定的桩数量一致，则里程碑计划填报结束；若里程碑中总的桩数量与项目设定中的桩数量不一致，则须省公司重新填报后提交。

31. 项目进度填报有何要求？

车联网平台项目全流程管理模块中项目进度填报功能是对里程碑计划各环节进行跟踪，包含完成时间、项目真实性、档案完整性等。通过里程碑进度的填报，各级管理单位可以清楚掌握相应管控范围内的项目工程进度，同时也通过各节点支撑文件上传，最终完成每个站点档案资料的收集和积累。

国网电动汽车公司对站点里程碑审核通过后，对应生成省级用户充电站建设进度待办，省级用户领取充电站建设进度待办并处理后，便可以在充电站建设进度填报中更新充电站建设进度，项目单位按照实际工程进度填写实际完成时间并上传文件到相应的文件夹，对应节点的所有分类的文件都要上传，完成充电站建设进度更新。各节点需上传文件见表 2-2。

表2-2 项目进度填报上传文件清单

环节	上传文件
储备立项	可行性研究报告、评审意见、批复意见
设计招标	招标公告、中标通知书、其他文件
初步设计评审	初步设计、评审会议纪要、评审意见

续表

环节	上传文件
施工招标	招标公告、中标通知书、其他文件
入场施工	开工报告、施工现场照片
设备安装	设备合同；材料购置合同；设计合同；施工合同；监理合同；现场照片
设备调试	调试报告（测试报告）
联调测试	监控平台截图（接入验证工单截图、档案维护工单截图）
竣工验收	验收报告
财务入账	ERP入账截图

32. 如何使用项目全流程管理模块中统计分析功能？

项目全流程管理模块中统计分析功能主要对项目资金进度和充电站建设进度指标进行统计，共有 4 种统计项，分别是招标完成率、合同完成率、入账完成率、项目完工率。

在系统功能菜单中的“统计分析”→“项目综合统计”，可以分级查看招标完成率、合同完成率、入账完成率和项目完工率。系统进入如图 2–11 所示界面。

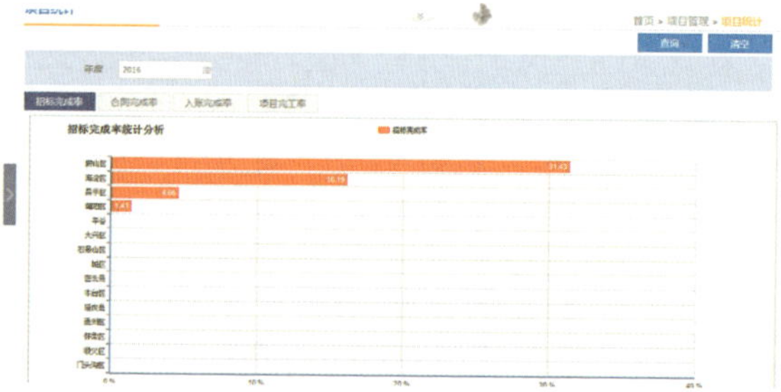

图2–11　项目统计界面

单击上方的标签可以相应切换。选择【合同完成率】，进入如图 2–12 所示界面。

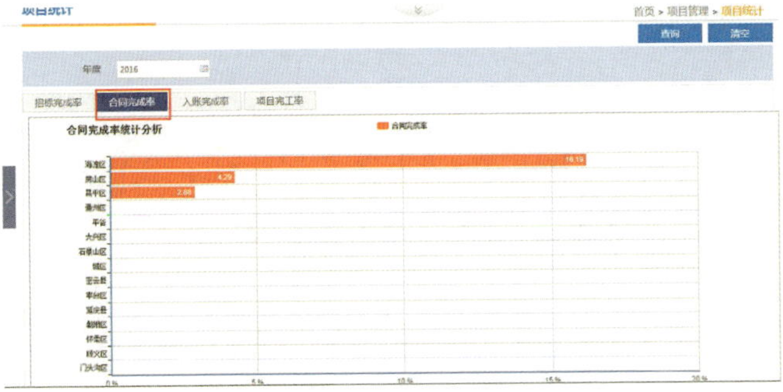

图2-12 合同完成率界面

选择【入账完成率】，进入如图 2-13 所示界面。

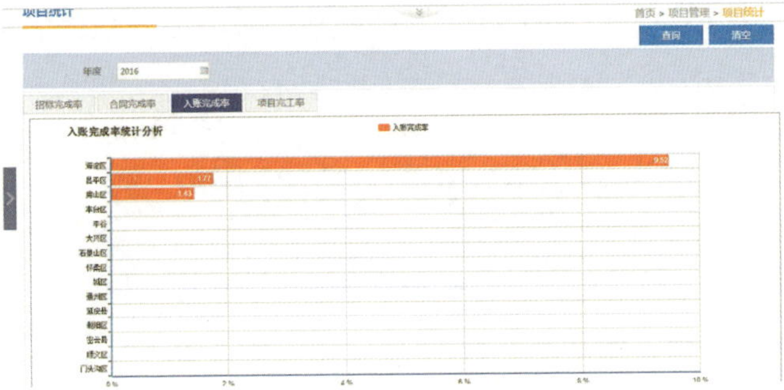

图2-13 入账完成率界面

选择【项目完工率】，进入图 2-14 所示界面。

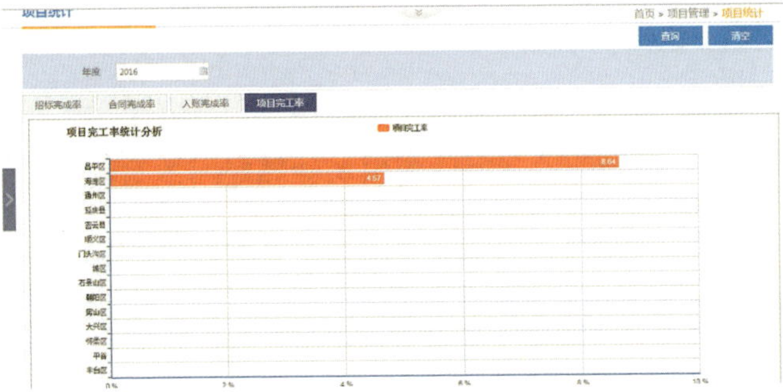

图2-14 项目完工率界面

第二节 勘察设计

33. 如何确定充换电设施建设选址方案？

一般经过市场调研、价值评估、方案制订、现场勘察等工作程序确定充换电设施建设布局选址方案。

（1）通过停车场（站）资源调研、充电设施安装意向调查、车辆流量数据统计等工作开展布局分析，争取优质资源，提出选址建议。

（2）通过选址方案讨论会、实地踏勘等组织方式择优确定选址方案，为规避风险，可补充制订备用选址方案。

34. 如何落实充换电设施项目建设用地？

在充换电设施布局选址方案确定后，省公司和地市公司根据地方政府充换电基础设施建设管理要求，组织与土地产权或管理单位洽谈土地买、租、无偿使用等事宜。要用好、用足地方政府支持政策，采用多种方式、渠道获取土地使用权，办理相关用地手续或签订有关协议。落实充换电设施站址是项目前期最重要的任务目标，可以通过请示、报告、备案等方式向地方政府取得建设支持和合法保障，避免后期用地问题纠纷，为后续建设补贴奖励、用地优惠办理等工作提供支撑依据。特别是高速公路沿线充电设施建设，省公司应加强统一组织协调，确保落实建设用地，保障工程项目顺利推进。

35. 如何开展充换电设施建设项目现场勘察？

充换电设施建设项目全面的站址评估和细致的现场勘察对后期

工程建设和设施使用起着重要的指导作用。项目单位应组织营销、发展、运检、安监等部门对充换电设施本体及配套供电设施进行联合勘察，勘察应统筹考虑电源走廊、地下管网、给排水设施、防排洪设施、进出站道路等因素，充分利用就近公用设施，减少工程量。同时，兼顾配电网供电质量、可靠性等运行要求。勘察过程应详细记录现场信息，留存相关影像资料，便于后期开展建设方案编制和站址评估。

36. 如何开展充换电设施建设项目初步设计？应注意哪些问题？

充换电设施建设项目初步设计是工程施工图设计的前提与基础，内容包括土建系统、供配电系统、充电系统、监控与通信系统、消防系统及辅助系统（照明、标志标识、智能服务）等。

充换电设施建设项目初步设计应按照项目可行性研究审查批复意见进行限额设计。充换电设施建设项目实施过程中不得擅自变更设计，不得擅自超出项目概算（预算），因特殊原因造成设计内容发生变化或超过概算（预算）10% 时，应按照初步设计评审程序重新进行评审，项目可行性研究批复部门（单位）应派员参加。

省公司应及时组织项目初步设计编制，编制周期一般控制在 5 个工作日内，项目初步设计的编制评审完整和及时是规范施工的重要保障，可采用集中编制、交叉审查、模板式审查等方式提高编审工作效率。对设备设施的安装工艺与防护措施，可根据地域和功能差异采取特殊设计。

37. 充换电设施建设项目初步设计文件编制时应注意哪些问题？

在编制初步设计文件时，应注意以下几点：

（1）初步设计文件应充分表达设计意图，内容完整齐全、计算准确、文字说明清楚、图纸清晰正确、各级签署齐全。

（2）设计说明书、主要设备材料清册和概算书宜按 A4 版面出版。

（3）初步设计文件应包含外委项目的设计文件，主体设计单位应负责概算汇总。

初步设计文件样式如图 2-15 所示。

充换电设施建设项目初步设计文件

（内容要求，包含但不限于以下内容）

1. 设计文件总目录
2. 设计说明书

a）总的部分

b）充电系统部分（含换电）

c）供电系统部分

d）通信监控系统部分

e）土建部分（含消防、环境保护、节能减排等）

f）概算部分

g）附件

3. 设计材料清册
4. 设计图纸
5. 附属工程设计
6. 概算书
7. 勘测报告

图2-15 充换电设施建设项目初步设计文件样式

38. 如何做好充换电设施建设项目施工设计的过程管控？

各级单位在充换电设施建设项目管理过程中应开展施工设计管理，定期组织设计联络会，完成技术确认、开展设计交底及施工图会审、签发会议纪要并监督纪要的闭环落实情况。施工设计交底的偏差将直接影响到工期和质量，甚至出现安全管理问题。项目单位应及时组织监理、设计、施工、设备供应商等单位开展设计交底，同时强调相关安全风险，形成书面交底记录，落实交底责任人。

第三节　采购管理

39. 充换电设施建设项目物资计划管理的内容及要求是什么？

充换电设施建设项目物资计划管理的主要内容包括项目相关设备物资及设计、施工和监理等工程相关服务的物资需求计划、采购计划、采购资金计划及统计分析等管理工作。

按国家电网有限公司物资计划管理要求，技术规范、物资需求计划和采购计划需在统一的电子商务平台和ERP集中部署系统中申报。

40. 充换电设施建设项目的采购管理有哪些要求？

各级充换电设施项目单位应严格按照国家电网有限公司有关规定组织开展物资及服务的招标采购工作，充换电设备的采购纳入国家电网有限公司总部集中招标管理，设计、施工、监理等工程相关服务纳入省公司招标管理。项目单位应主动与物资部门进行沟通联系，按照招标计划批次及时完成招标技术规范的编审和招标需求提报。需求提报可合理利用协议库存、框架协议等采购方式，缩短采购周期。招标需求提报后，项目单位要密切跟踪好项目物资、设计、施工、监理等招标工作。

41. 充换电设施建设工程中哪些采购内容必须招标？

根据《中华人民共和国招标投标法》及其实施条例，工程建设项目中工程以及与工程建设有关的货物、服务，属于国家规定招标的具体范围和规模标准的，必须依法进行招标。

（1）工程是指建设工程，包括建筑物和构筑物的新建、改建、扩建及其相关的装修、拆除、修缮等。

（2）与工程建设有关的货物，是指构成工程不可分割的组成部分，且为实现工程基本功能所必需的设备、材料等。

（3）与工程建设有关的服务，是指为完成工程所需的勘察、设计、监理等服务。

因此，依照上述规定，充换电设施建设工程的勘察设计、建设施工、工程监理，以及充换电设备等物资采购属于必须招标的范围。

42. 充换电建设项目招标技术规范应遵守哪些编制原则？

招标技术规范的编制应做到严谨、细致、准确，并通过专业技术人员审查，条款内容应明确充换电设备所满足的技术标准、设备选型及特殊要求（例如充换电设备的类型、尺寸要求、温度和环境要求）、性能参数、供应数量、工程建设施工及相关服务的工作量等重要内容，充换电设备等有国家电网有限公司物资采购标准文本的应按标准格式条款进行编制，用语避免出现歧义和不确定性的表述，防止后期因需求偏差延误工期。

43. 如何在电子商务平台（ECP）提报招标技术规范？

技术规范文件在国家电网有限公司电子商务平台（ECP）中的审批步骤分为创建单体工程、填写技术规范、提报技术规范、审核技术规范 4 个步骤。

创建单体工程是指项目需求单位登录电子商务平台中填写创建

充换电工程依托的项目工程基本信息的流程，其内容应与国家电网有限公司下达的计划保持一致，操作界面如图 2-16 所示。

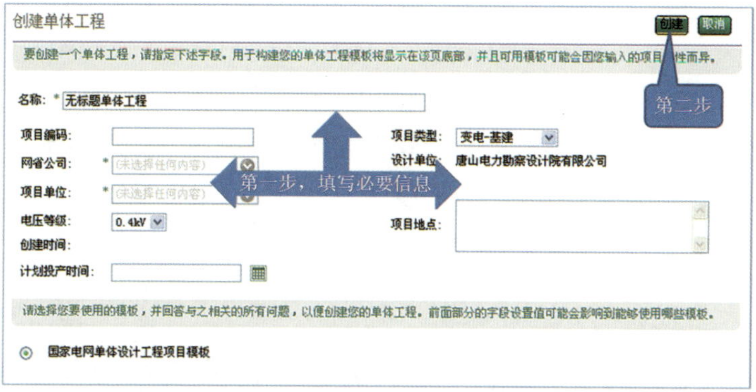

图2-16　创建单体工程操作界面

填写技术规范是在单体工程下选择充换电项目相关物料编码并上传相应技术规范文本等操作流程，充换电设备采用国家电网有限公司物资采购标准的，应注意将通用技术规范和专用技术规范一同上传，操作界面如图 2-17、图 2-18 所示。

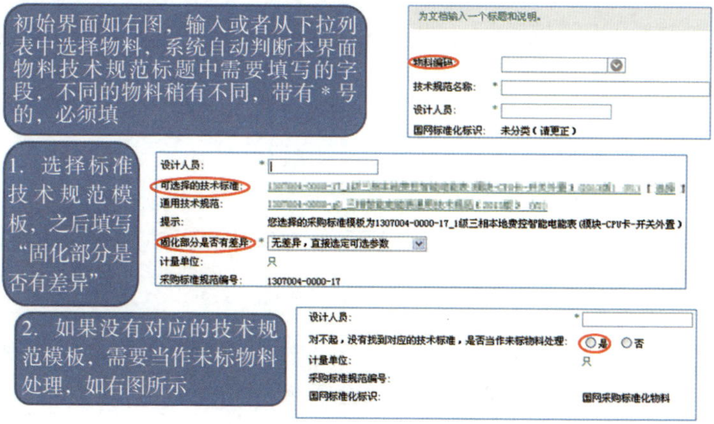

图2-17　填写技术规范界面

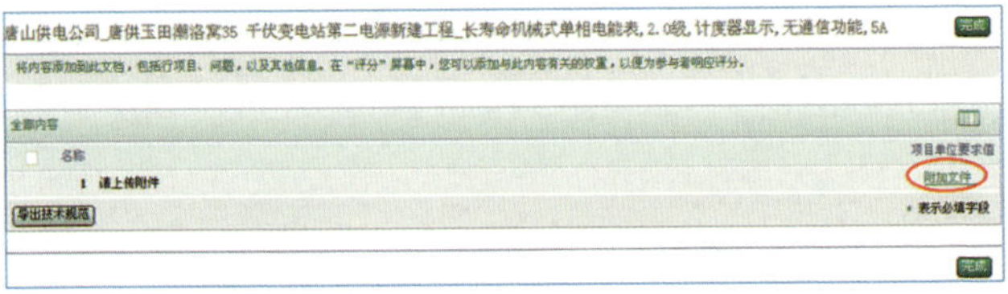

图2-18　上传技术规范界面

提报技术规范是指技术规范由项目单位、专家等线下审核，审核通过后，编制单位在系统提交审批的流程，操作界面如图 2-19 所示。

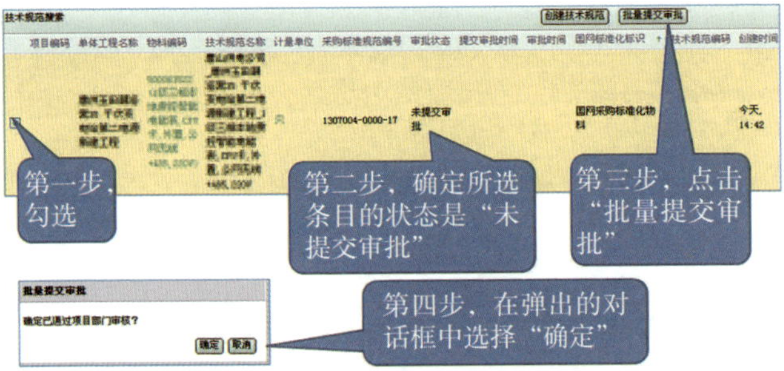

图2-19　技术规范提报审批界面

审核技术规范是国家电网有限公司物资管理部门在电子商务平台中审核技术规范的流程，如纳入国家电网有限公司总部集中招标的应进行逐级审核。

44. 如何在ERP系统提报物资招标需求?

工程项目中的充换电设备和变压器等物资类采购，需要由物资需求部门提报物资采购申请，按照审批流程逐级审批，审批依次需要部门领导、上级归口管理部门（市公司一级，县公司两级）、市公司物资供应中心、省物资公司计划部、省公司物资部等，物资需求申请操作流程如下：

（1）物资需求提报人员登录 ERP 系统，SAP 菜单→集中部署 ERP 主菜单→项目管理→项目创建→创建虚拟项目→项目构造器，进入“项目构造器”，单击“”按钮，在弹出对话框中输入或选择相应项目编码，如图 2-20 所示。

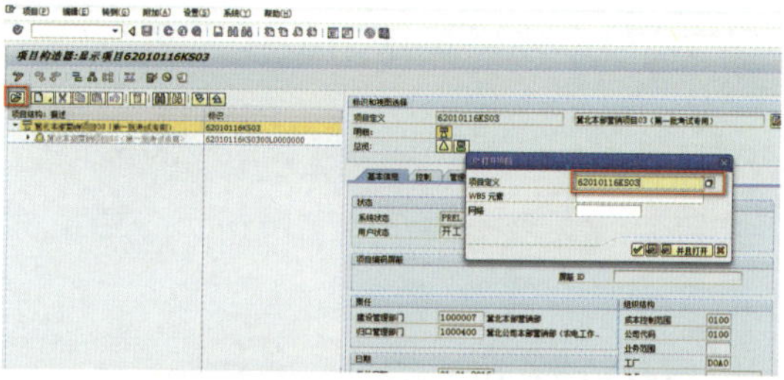

图2-20　输入项目编码

（2）输入项目编码后回车，进入物资采购申请挂接界面，右键菜单选择“创建”→“网络”，进入图 2-21 所示界面，填写完网络信息后回到图 2-21 树形结构界面。

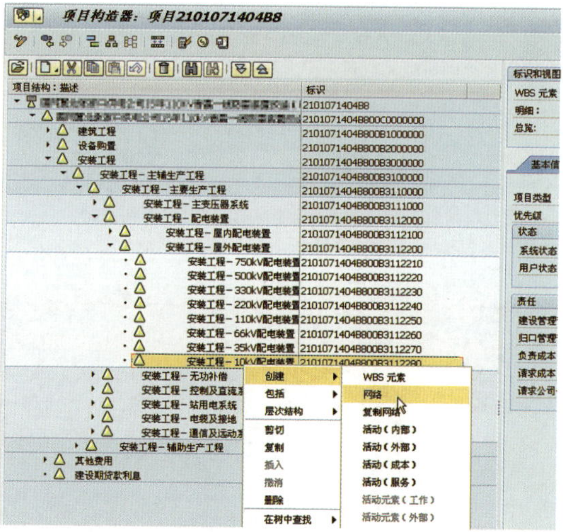

图2-21　创建网络界面

右击需要挂接物资采购的WBS，单击“创建”→“活动(内部)”，进入图2-22所示界面。

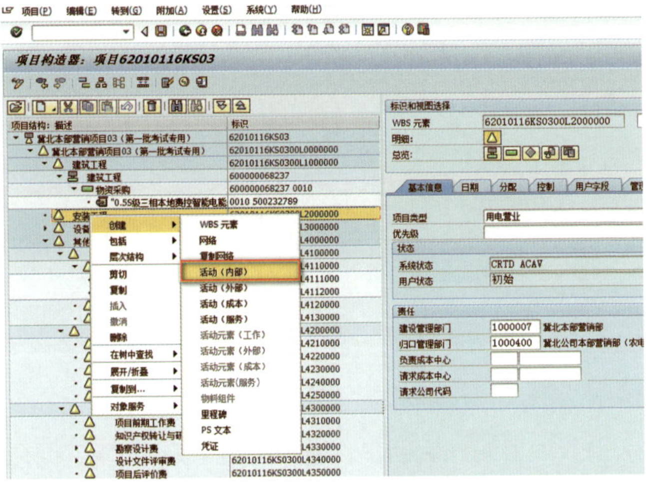

图2-22 创建页面

（3）在作业描述部分，填写所采购物资的描述，如图2-23所示。

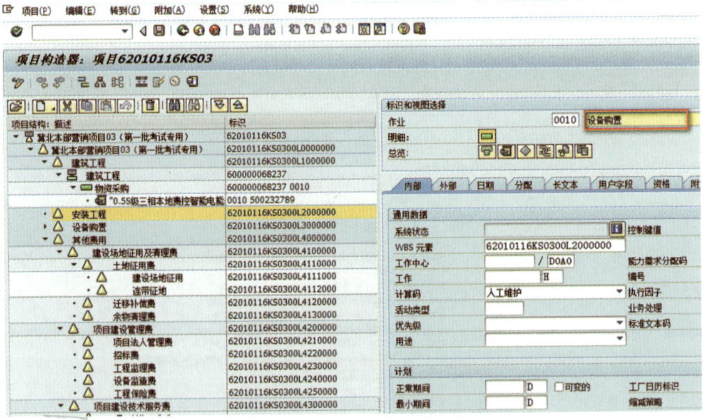

图2-23 填写采购物资的描述

（4）回车后，右键单击作业，选择“创建”→“物料组件”，如图2-24所示。

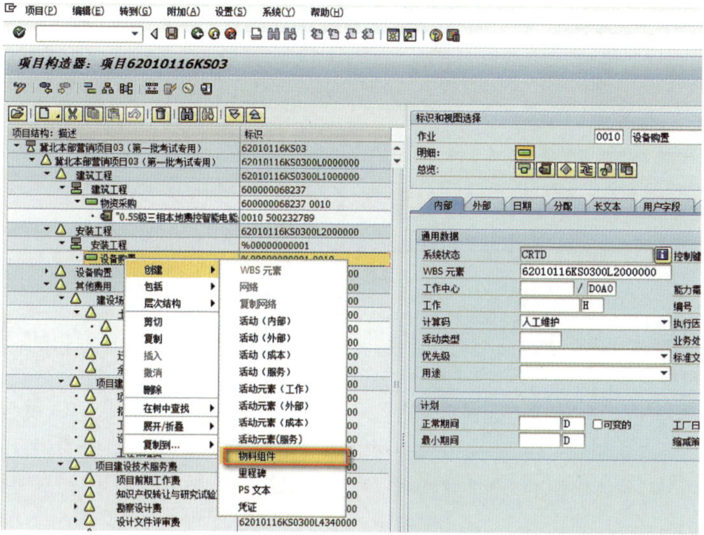

图2-24　选择物料组

（5）填写相应的数据信息，物料部分可根据需要选择物料主数据。常规数据页签中，数量部分填写采购物料数量；客户字段页签中，填写招标计划编号、交货地点及交货方式、技术规范 ID 等信息，如图 2-25 和图 2-26 所示。

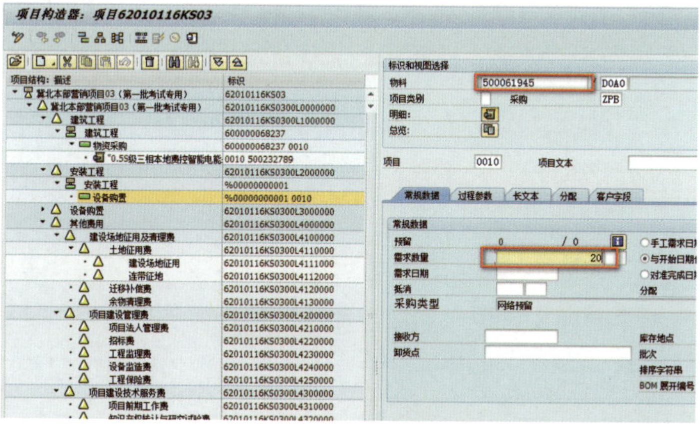

图2-25　常规数据填写

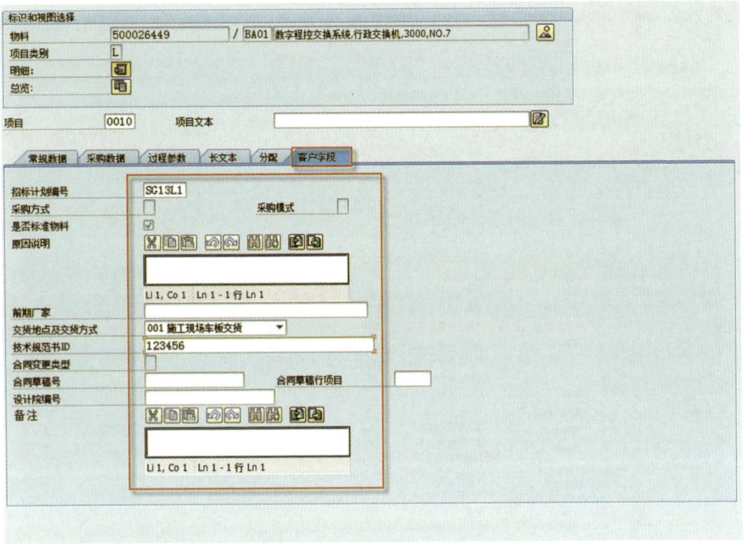

图2-26　客户字段填写

（6）选中所创建的网络后，左键单击编辑，选择“状态”→“下达”，然后保存即完成物资需求提报。

45. 如何在ERP系统提报服务招标需求？

工程项目中的设计、施工、监理等服务类采购，需要由物资需求部门提报服务采购申请，按照审批流程逐级审批，审批依次需要部门领导、上级归口管理部门（市局一级，县局两级）、市公司物资供应中心、省电力物资公司计划部、省物资部等，服务采购申请操作流程如下：

（1）物资需求提报人员登录 ERP 系统，SAP 菜单→集中部署 ERP 主菜单→项目管理→项目创建→创建虚拟项目→项目构造器，单击【】按钮，在弹出对话框中输入或选择相应项目编码，如图 2-27 所示。

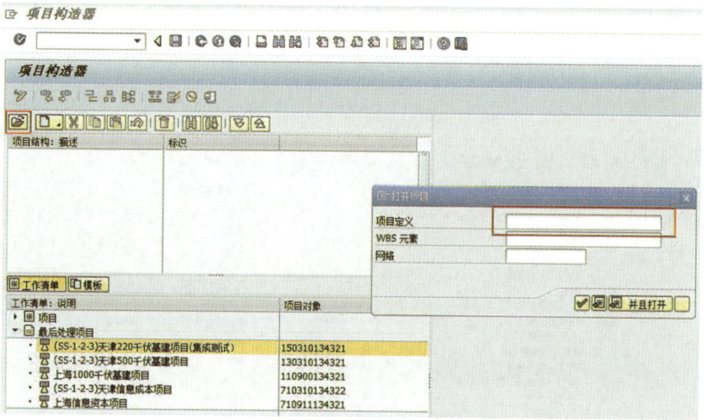

图2-27　输入项目编码

（2）输入项目编码后回车，进入服务采购申请挂接界面，右键菜单选择“创建”→“网络”，进入图 2-28 所示界面，填写完网络信息后回到图 2-28 树形结构界面。

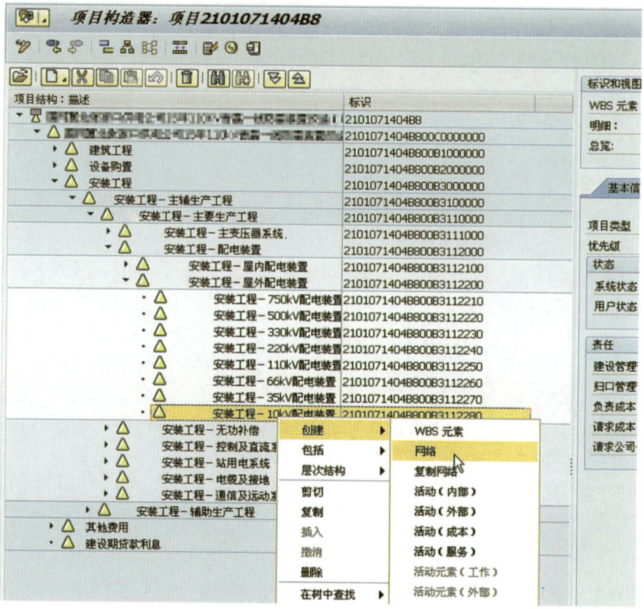

图2-28　创建网络界面

右击需要挂接服务采购的WBS，单击“创建”→“活动(服务)”，进入图 2-29 所示界面。

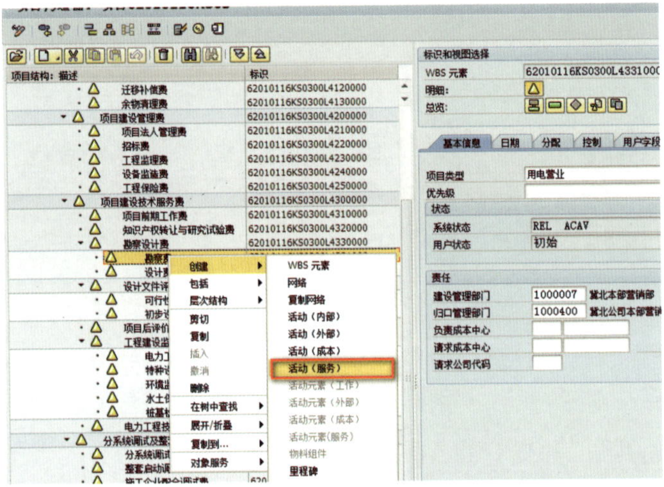

图2-29　创建页面

（3）在作业描述部分，填写所采购服务的描述；采购组部分，填写负责采购的部门，如图 2-30 所示。

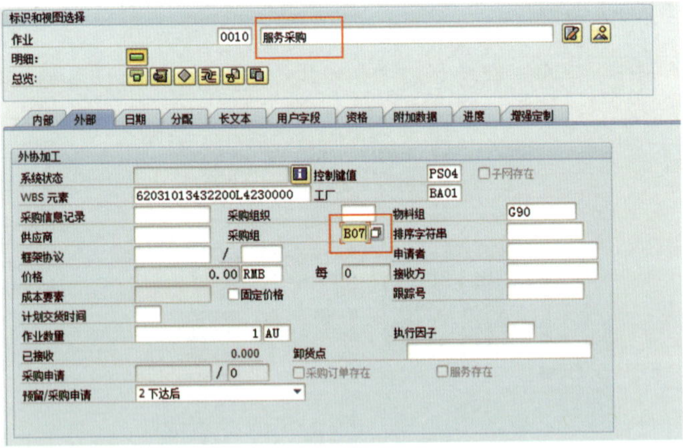

图2-30　填写服务采购信息

（4）回车后，选择服务条目，在“数量”处输入合同金额，在“总价”处输“1”，如图 2-31 所示。

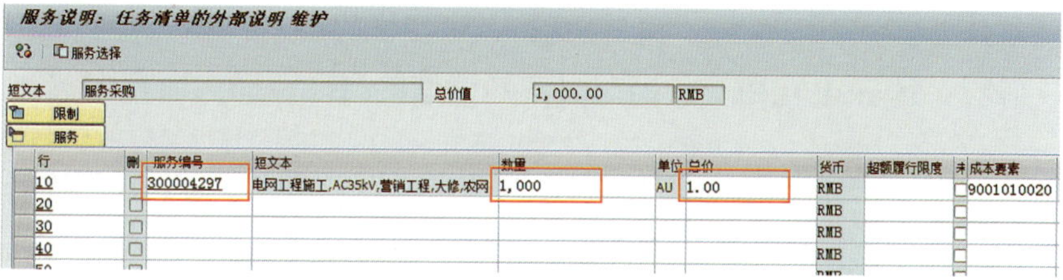

图2-31 填写服务采购的数量和价格

（5）单击【】按钮后将网络下达后保存即可，后期需要重新进入服务采购申请，维护采购申请项目细节信息，包括招标计划号、交货地点及交货方式、技术规范 ID、工程规模、建设地点及承包方式、设计施工监理工期等信息。

46. 如何签订充换电设施建设项目的物资合同？

充换电设施建设项目物资合同签订方式分为省电力物资公司统签和建设单位分签两种方式，充换电设备等参加国家电网有限公司集中招标的物资一般采取省物资公司统签方式，设计、施工和监理等工程相关服务一般采取建设单位分签方式。合同文本应当按照国家电网有限公司统一合同文本与招标采购结果确定，不得擅自变更合同内容，合同的起草和审查应履行电子商务平台和“经济法律管理业务应用系统”的流程，通过后由中标供应商与对应责任单位的物资合同管理部门签订。按照国家电网有限公司合同管理规定，应在中标通知书发出之日起 30 日内完成合同签订工作，如招标文件约定的时间短于 30 日，则应在约定时间内完成合同签订。

第四节　供应商关系管理

47. 国家电网有限公司对供应商管理的具体管理内容有哪些？

按照《国家电网有限公司供应商关系管理办法》要求，供应商管理的内容主要包括供应商资质能力核实、供应商绩效评价、供应商不良行为处理、供应商分类分级管理、供应商服务等工作。其中供应商分类分级管理和供应商服务工作，全部由物资管理部门负责，充换电设施建设单位不参与其中工作。

48. 需要对电动汽车充换电设施供应商进行哪些资质能力核实？

电动汽车充换电设施供应商资质能力核实是指对参与国家电网有限公司招标采购的供应商的资质业绩文件及生产现场情况进行核实的活动。经核实确认的充换电设施供应商相关信息作为招标采购工作的重要参考依据。资质能力核实一般分为文件核实和现场核实。文件核实内容主要包括充换电设施供应商的基本信息、财务信息、报告证书、产品业绩等。现场核实内容主要包括充换电设施产品的设计研发、生产制造、试验检测、原材料组部件管理、产能等情况。

49. 电动汽车充换电设施供应商绩效评价内容有哪些？

供应商绩效评价是指对供应商的产品质量、合同履约、售后服务等综合情况进行全面、客观、准确评价的活动，评价结果作为招标采购工作的重要参考依据。

由于直流充电机、交流充电桩等充换电产品的招标是国家电网有限公司总部直接组织实施，因此由国家电网有限公司物资部（国网招投标中心）负责制定电动汽车充换电设施供应商绩效评价标准，根据实际情况组织开展供应商绩效评价工作，充换电设施建设项目单位应客观地反馈供应商履约情况。供应商绩效评价一般按照年度评价、动态刷新的原则开展。

50. 电动汽车充换电设施供应商的不良行为有哪些类型？

供应商不良行为是指在国家电网有限公司物资管理活动中，供应商供应的物资在全寿命周期内发生重大质量问题，以及供应商在参与资质能力核实、招标采购活动以及在合同履约过程中，在诚信、交货、服务等方面存在的问题。

充换电设施供应商的不良行为主要有：充换电设施供应商未经业主单位许可，擅自转包、分包合同物资；充换电设施供应商未按合同约定，擅自更换或使用劣质原材料、组部件或偷工减料，降低产品性能或功能；充换电设施供应商不配合生产监造工作，或对监造过程中发现的问题整改不积极；充换电设施供应商产品质量管理存在漏洞，不能保证产品质量等。

51. 对于充换电设施供应商不良行为有哪些处理办法？

对于充换电设施供应商不良行为的处理，依照《国家电网有限公司供应商关系管理办法》相关规定，根据不良行为的严重程度，可对充换电设施供应商在招标采购中采取扣减评标分值、暂停授标、列入黑名单等处罚措施。对充换电设施供应商不良行为的处理结果应对外进行公示，并且对充换电设施供应商不良行为的处理措施不代替合同约定中对充换电设施供应商违约的责任追究。

第三章
工程建设

第一节 施工组织

52. 充换电设施建设项目工程施工组织设计是什么？审核及变更时有何要求？

工程施工组织设计也称施工方案，是用来指导工程施工全过程的技术、经济和组织的综合性设计活动。

按照《国家电网有限公司营销项目管理办法》规定，包含建筑安装工程的营销项目，项目单位应根据批复的项目初步设计，组织施工设计及预算的编制和评审，项目实施过程中应严格执行评审批准的预算。

充换电设施建设工程项目施工单位应在初步设计评审后、工程开工前完成施工方案编制，并通过地市公司审查确认，审查工作可邀请土地业主单位参与，避免因设计方案纠纷而影响工程周期。实际施工过程中，出现施工组织设计需变更的情况时，项目施工单位应另行提报施工组织设计变更，经审核通过后方可实施变更。

53. 充换电设施建设项目施工方案交底有何工作要求？

全体作业人员应参加施工方案、作业指导书或安全技术措施交底，坚持先交底后施工，落实现场作业的各项安全技术措施。现场施工作业需办理作业票，工作负责人通过宣读作业票的方式向全体作业人员交底，作业人员签名后实施，不得安排未参加交底或未在交底书上签字的人员上岗作业。作业地点、作业内容、安全措施、主要作业人员（安全监护人、工作负责人及特种作业人员）不变时，原则上可使用同一张作业票，并可连续使用至该项作业任务完成。作业人员有变化时，应对新进人员进行交底。

施工过程需变更施工方案、作业指导书或安全技术措施，应经措施审批人同意，监理项目部审核确认后重新交底。施工周期超过一个月或重复施工的施工项目，应重新组织方案交底；如施工方法、机械（机具）、环境等条件发生变化，应完善措施，重新报批，重新办理作业票，重新交底。

54. 充换电设施建设项目开工手续办理前应具备哪些条件？

充换电设施建设项目施工单位应履行完整的开工手续，编制施工方案和工程开工报告，经监理单位和项目单位审核通过后方可组织现场施工。开工手续办理前应具备以下条件：

（1）施工合同已签订。

（2）施工预算已批准。

（3）安全措施、技术措施、组织措施、环保措施已批准。

（4）设备材料计划已批准，且施工所需的进场材料、构配件、设备均已自检合格。

（5）项目设计图已批准。

55. 充换电设施建设项目施工前，常规的进场施工手续有哪些？

充换电设施建设前，按照施工场地产权不同，项目施工单位办理进场施工手续而不同，包含以下几种情况：

（1）市政公共配套或租赁场地施工进场条件。①经项目单位评审通过的施工图；②经场地管理单位审核同意的进场施工申请；③市政管理部门的用地批复（意见、许可等相关书面材料）或场地业主单位的租赁合同（协议）；④安全施工协议等安全质量管理约束文件；⑤路政、城管等场地经营管理方施工备案。

（2）项目单位自有场地施工进场条件。①经项目单位评审通过的施工图；②经场地管理单位审核同意的进场施工申请。

（3）国有划拨场地施工进场条件。①按照当地政府相关要求办理进场手续；②具备“三通一平”的条件；③经项目单位评审通过的施工图。

56. 办理充换电设施建设项目进场施工手续有哪些注意事项？

完备的进场许可手续是顺利开展工程实施的必备条件。充换电设施建设进场施工手续即各类许可文件，宜在施工设计确定前后办理完毕，以此缩短工程建设周期。比如部分许可文件需要市政管理部门出具用地批复意见、土地规划等，办理周期较长，应提前开展，确保工程顺利进场。又如对于需要产权方、路政、城管、消防等多方许可的建设工程，宜充分沟通、了解有关要求，办理相关手续，确保工程顺利实施。

57. 充换电设施建设项目的现场签证是什么？有何具体工作要求？

现场签证是指在施工过程中除设计变更外，其他涉及工程量增减、合同内容变更以及合同约定发承包双方需确认事项的签认证明。现场签证按金额大小分为一般签证和重大签证，其中重大签证是指单项签证投资增减额超过 10 万元的签证，一般签证是指除重大签证以外的签证。

现场签证应详细说明工程名称、签证事项内容，并附相关施工措施方案、纪要或协议、支付凭证、照片、示意图、工程量及签证费用计算书等支撑性材料。

现场签证管理流程包括提出、审核、批准、形成工程变更文件、实施和文件归档。现场签证应由施工单位提出并出具现场签证审批单，经由监理单位、设计单位、施工单位、业主项目部、建设管理单位或项目法人单位依次签署确认。相关单位应及时归档现场签证文件，引起费用变化的现场签证，监理单位应及时整理报送业主项目部，作为工程结算的依据。现场签证未按规定履行审批手续，其增加的费用不得纳入工程结算。

58. 充换电设施建设项目工程监理内容及重点环节有哪些？

监理在充换电设施建设项目施工安全和质量管控具有重要作用，监理内容包括施工单位和人员资质、甲供主要设备、乙供工程材料和构配件、关键部位和工序旁站监理、文明施工现场巡视检查、编制工程安全质量评估报告、协助地市公司开展工程质量中间验收和竣工验收等。

重点监理环节包括基坑开挖、钢筋和混凝土浇制、基础保养、电缆敷设、电缆头制作、钢结构安装、吊装作业等。应特别加强对充电设施地基、电缆管沟、排水沟槽、接地网等隐蔽工程的安全质量管理。各级单位要制定施工安全质量管控、风险防控和应急处理措施，确保工程实施优质高效。

59. 充换电设施建设项目发生哪些问题时，监理单位需要签发工程暂停令？

充换电设施建设项目质量管理中出现如下情况时，应立即签发工程暂停令并督促停工整改：

（1）未经批准的安全保证措施施工，或安全措施不落实。

（2）作业人员未经安全教育及技术交底施工，特殊工种无证上岗。

（3）安全文明施工管理混乱，危及施工安全。

（4）未经安全资质审查的分包单位进入现场施工或施工项目部对分包队伍管理混乱。

（5）发生七级以上安全事故（事件）。

60. 充换电设施建设项目土建施工工序应遵循哪些原则?

充换电设施建设项目土建施工包含站内建筑物、站内道路、设备基础等工程，确定施工工序应遵循如下原则：

（1）先场外、后场内，场外由远而近。对于与场内外有联系的一些工程，其施工应从场外开始，然后再逐步向场内延伸。正确的施工顺序，使修建道路所需的器材可以直接通过干道运抵施工地点，随着道路向场内延伸，修建好的部分道路即可加以利用，从而保证现场所需器材的顺利供应，争取施工的时间。

（2）先全场、后单项，全场从平土开始。施工应该先完成全场性的工程，然后再完成各独立的建筑物和构筑物。所谓全场性工程，是指对与许多工程的施工或使用者有关的、作业面遍及整个施工现场的那些公用工程，如场地平整，各种管道、电缆线的主干工程等。

（3）先地下、后地上，地下先深后浅。在施工时应先完成零点标高以下的工程，然后再完成零点标高以上的部分。从整个施工现场来看，零点标高以下的工程，大致包括铺设地下管网、修建专用线和现场内的道路。在地下工程的施工中，应贯彻先深后浅的原则，先完成零点标高以下的工程，再进行零点标高以上工程的施工。

（4）管线及道路工程先主干、后分支，排水先下游、其他先源头，管线道路中的先主干、后分支的施工顺序，能使完成部分的工程得以迅速发挥作用。

第二节 施工安全管理

61. 充换电设施建设项目的安全管理要求及主要内容是什么？

充换电设施建设要贯彻国家电网有限公司“安全第一、预防为主、综合治理”的安全方针和“以人为本、生命至上”的理念，加强安全监督管理，防范安全事故。项目单位应落实建设安全责任制，承担建设项目的安全管理职责，组织工程施工、监理、设计等参建单位落实各自的安全责任。充换电设施建设项目安全管理主要内容包括安全文明标准工艺化、施工安全风险管理、施工分包安全管理、建设安全应急管理等，如图 3-1 所示。

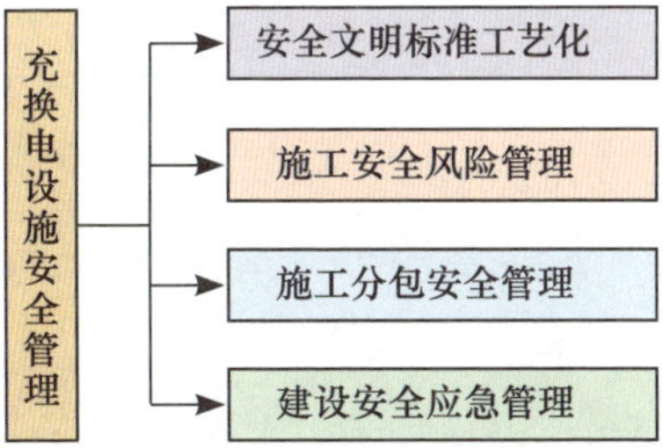

图3-1 充换电设施建设项目安全管理体系

62. 充换电设施建设项目的安全管理目标是什么？

充换电设施工程建设的最基本安全管理目标为：

（1）不发生六级及以上人身事件。

（2）不发生因工程建设引起的六级及以上电网及设备事件。

（3）不发生六级及以上施工机械设备事件。

（4）不发生火灾事故。

（5）不发生环境污染事件。

（6）不发生负主要责任的一般交通事故。

（7）不发生工程建设信息安全事件。

（8）不发生对国家电网有限公司造成影响的安全稳定事件。

63. 国家电网有限公司文明施工的管理目标是什么？如何做好充换电设施建设的文明施工？

国家电网有限公司文明施工的管理目标为安全管理制度化、安全设施标准化、现场布置条理化、机料摆放定置化、作业行为规范化、环境影响最小化。

为保障文明施工，充换电设施项目单位应足额投入安全文明施工费，督促监理、设计、施工等项目参建企业严格履行相关合同中有关安全文明施工的责任，并提供工程项目安全文明施工的基本条件，包括完成征地、拆迁和“四通一平”（水、电、路、通信畅通及平整场地）；提供扩建工程运行场地地下管网线路等资料。对施工现场周围建（构）筑物和地下管线提出保护要求。

施工单位是工程项目安全文明施工的责任主体，负责贯彻落实安全文明标准工艺化要求，实行文明施工、绿色施工、环保施工，遵守国家和地方有关环境保护的法律法规，采取有效措施控制施工现场的各种粉尘、废气、废弃物及噪声、振动等对环境造成的污染和危害；按规定使用安全文明施工费，分阶段申报、分阶段验收，专款专用，配置满足现场安全文明施工需要的设施。

64. 如何做好项目实施过程的安全风险管理？

充换电设施项目单位应牢固树立基建项目施工安全风险管控意识，对施工安全风险进行全面识别、量化评估，组织制定落实风险管控措施。

工程开工前，组织开展危险源分析，监督检查监理单位和施工单位危险点辨识及控制措施的具体落实情况，组织监理单位及施工单位进行安全技术交底，收集、提供作业环境范围内可能影响施工安全地下管线、设施等相关资料，并提出保护措施要求。

工程建设过程中，督促施工单位建立施工现场的危险点及预控措施警示牌，并根据工程进度情况，按施工阶段及时更新，实施风险动态管理，通过各级安全检查等活动，检查项目危险点辨识、风险控制措施落实情况。对重大危险源及重要风险时段，项目单位相关人员须亲自到岗到位监督检查。

65. 施工分包有何管理要求？

充换电设施建设工程专业分包、劳务分包应严格履行审批手续。工程禁止转包或违规分包，主体工程不得专业分包。

项目单位要审批施工项目部报送的工程项目分包计划及分包申请，严格控制工程项目的分包范围，审查分包商资质和业绩，按流程审批工程项目分包申请，定期组织开展工程项目分包管理检查，考核评价工程项目各参建单位分包管理工作。

监理单位应完善分包安全监理机制，审查工程项目分包计划申请，审查分包商资质、业绩，并进行入场前把关。动态核查进场分包队伍的人员配备、施工机具配备、技术管理等施工能力，发现问题及时提出整改要求，实施闭环管理。

施工单位具体负责工程项目分包队伍的安全管理工作，包括人员安全教育培训，专业分包商自带施工机械、工器具的准入检查，施工方案的审查备案，人员持证上岗审查，对分包队伍施工活动组织安全检查，对分包商管理的动态监管和考核评价等。

66. 如何做好建设安全应急管理？应急处置方案一般包含哪些内容？

建设安全应急管理工作纳入本单位应急管理体系，按实际情况可组建工程项目应急工作组，工作组成员由工程项目单位、监理、施工单位组成。项目应急工作组负责组织制订现场应急处置方案，监督施工项目部建立应急救援队伍，配备应急救援物资和器具，开展应急救援培训，组织开展应急处置方案演练，在应急状态下启动应急处置方案，组织应急救援，服从上级应急管理机构的指挥。现场应急处置方案中一般应包括（但不限于）：

（1）人身事件现场应急处置。

（2）垮（坍）塌事故现场应急处置。

（3）火灾、爆炸事故现场应急处置。

（4）触电事故现场应急处置。

（5）机械设备事件现场应急处置。

（6）食物中毒事件施工现场应急处置。

（7）环境污染事件现场应急处置。

（8）自然灾害现场应急处置。

（9）急性传染病现场应急处置。

（10）群体突发事件现场应急处置。

67. 如何做好施工安全方案管理？

施工安全方案为工程现场施工安全工作执行的各类安全文件的统称，包括单独编制的安全策划文件、专项安全方案、安全技术措施，也包括项目管理实施规划、作业指导书等施工管理文件内的安全管理章节。施工单位根据工程实际情况编制施工安全方案，经充换电设施项目单位和监理单位审查后，由施工单位技术员交底后实施。

对深基坑、高大模板及脚手架、大型起重机械安拆及作业、重型索道运输、重要的拆除爆破等超过一定规模的危险性较大的分部分项工程的专项施工方案（含安全技术措施），施工企业还应按国家有关规定组织专家进行论证、审查，并根据论证报告修改完善专项施工方案。

68. 充换电设施建设中的安全检查有何要求？

各级充换电设施项目管理部门通过专项检查、随机检查、安全巡查等方式对建设安全工作进行监督检查，建设管理、施工、监理单位依据规定定期开展例行安全检查，工程建设施工高峰阶段开展施工安全管理评价。

（1）根据国家电网有限公司管理要求或季节性施工特点，开展月、季度及春、秋季等例行检查活动。

（2）根据工程项目实际情况，对施工机械管理、分包管理、临近带电体作业等开展专项检查活动。

（3）根据管理需要和项目施工的具体情况，适时开展随机检查活动。

（4）省公司应组织成立建设安全巡查组，配备必要的资源，明确工作要求，开展常态化的建设安全检查活动。

各类安全检查中发现的安全隐患和安全文明施工、环境管理问题，应下发安全检查问题整改通知单，限期整改，并对整改结果进行确认，实行闭环管理。

69. 充换电设施建设在消防方面有何要求？

充换电设施消防设计应分考虑设施类型及火灾危险性、建筑高度、使用人员的数量与特性、发生火灾可能产生的危害和影响、建筑的周边环境条件，根据设施类型和设施规模的不同选取相应的防火措施。

（1）充换电站及分散充电桩应尽量远离加油站和加气站，如受场地限制需要临近建设时，需距离储油区、储气区至少 50 米，并可根据现场实际情况在充换电站或分散充电桩外围建设不燃性实体防护墙。

（2）独立占地的充换电站，站内道路应与市政道路环通，道路宽度和转弯半径满足消防车的要求。

（3）消防设备用电应采用专用的供电回路，当充换电站工作用电被切断时，应仍能保证消防用电。备用消防电源的供电时间和容量，应满足该建筑火灾延续时间内各消防用电设备的要求。

（4）立体充电站等规模较大的充换电站，应在配电室、监控室、备品备件室以及充电工位区域内设置感烟探测器、报警按钮及警铃；站内主要出入口及监控室设应急照明灯和疏散指示灯；建筑物与车位间距应符合防火要求，场地出入口设置应符合停车场疏散要求。

（5）灭火器配置按 GB 50140《建筑灭火器配置设计规范》执行，此外配置存沙自卸应急车、灭火毯、消防铲等灭火器材。充电塔和建筑体积超过 3000 立方米的充换电站需要配置室内消火栓，当汽车库内锂电池发生火灾时，不得使用室内消火栓进行灭火，应使用灭火器、灭火毯等消防设施；当汽车库内锂电池以外的设备、设施发生火灾时可使用室内消火栓进行灭火。

（6）具体工程设计时，应将工程的消防设计方案提请消防主管部门进行审查后开展施工图设计。

第三节 土建工艺

70. 充换电设施建设项目土建基础有何工艺要求？

充换电设施建设项目土建基础施工有以下几点工艺要求：

（1）施工前，设计单位与供应商准确沟通确定设备尺寸，严格按照设计图纸施工，监理单位仔细审查施工方案并监督实施，避免出现基础与设备尺寸不符的问题。

（2）基槽（坑）底必须平整坚实，开挖后应及时浇筑混凝土垫层，对于需要验槽的槽（坑）段，开挖至设计标高后，应及时组织相关部门验槽，验槽合格后方可浇筑混凝土垫层。

（3）桩与承台的连接：桩顶嵌入承台的长度，对于桩直径 $d \geqslant 800$ 毫米的不宜小于 100 毫米，对于 $d < 800$ 毫米的中等直径桩不宜小于 50 毫米，且桩顶必须平整。桩锚入承台内的钢筋必须按照设计要求进行施工，标准施工工艺如图 3-2 所示。

图3-2　充电桩基础标准工艺

（4）箱式变压器基础两侧预留 1000 厘米 ×300 厘米的通风口，通风口最小离地距离不得小于 25 厘米，并用钢筋网封闭，标准工艺如图 3-3 所示。

图3-3　箱式变压器基础通风口标准工艺

71. 如何防治和修复充换电设施建设项目土建基础的蜂窝、麻面问题？

（1）为防治土建基础出现蜂窝和麻面，需要注意以下几点：

1）混凝土浇筑前，认真检查模板缝隙，发现缝隙大时要及时修补，保证模板缝隙严密；木模板要充分浇水湿润；板要清除干净表面灰浆等脏物，并刷好脱模剂。

2）混凝土要严格控制坍落度、配合比、水灰比及搅拌时间。

3）混凝土采用插入振捣器时，第一棒必须插到根部，确保根部的混凝土受到充分的振捣，每一点的振捣时间控制为 20 ~ 30 秒；振捣器要快插慢拔，待出现泛浆后，混凝土不下沉即可停止振捣。

（2）土建基础如已出现蜂窝和麻面问题，可以采取以下措施进行修复：

1）如基础出现蜂窝问题，对于较浅的区域，剔凿松散层并冲洗后，采用高标号水泥砂浆填补找平，并洒水养护；对于较深的，将松动的石子凿除，冲洗后，然后用比原标号高一级的细石混凝土填补，使其强度达到设计要求。

2）如基础出现麻面问题，将出现麻面的混凝土表面用钢丝刷或冲毛机冲洗，用 1 ：1 或 1 ：2 水泥砂浆抹面、压光。修补完后要适时浇水养护。

土建基础表面标准工艺如图 3-4 所示。

图3-4　土建基础表面标准工艺

72. 如何防治充换电站水泥地面裂缝问题？

为防止充换电站水泥地面裂缝，需注意以下几点：

（1）根据施工现场的实际，认真编制混凝土浇筑方案，严格控制水灰比，减少水泥用量，控制混凝土自身的收缩变形；气温高，浇筑大体积混凝土时应减小浇筑厚度，风大、干燥季节施工及时调整水灰比，尽量避开当日高温时段施工。

（2）科学合理地确定浇筑顺序和施工缝的留置。

（3）混凝土道路路面采用专用机械一次浇筑完成。

（4）收面时不得任意在路面上走动，面层应一次成活，采用原浆收面，禁止加浆或撒干水泥收面。胀缝应与路面中心线垂直，缝壁上下垂直，缝宽一致，上下贯通，缝中不得连浆。

73. 基础槽钢施工有何工艺要求？

（1）基础槽钢应按照设计图纸采用镀锌槽钢施工，槽钢焊接部分、切角做防锈处理。金属表面防腐前先进行除锈，除锈方式采用动力工具和手工除锈相结合的方法进行除锈。用钢丝刷、铲刀、砂纸及砂轮网等除去金属表面的锈蚀、氧化皮和附着不牢的旧漆膜等附着物。除锈程序应按照自上而下的施工顺序进行操作。

（2）基础槽钢架可预制或现场组装。按施工图纸所标位置将预制好的基础槽钢架或型钢焊牢在基础预埋铁上。用水准仪及水平尺找平、校正。需要垫片的地方，须按钢结构施工规范要求。垫片最多不超过三片，焊后清理，打磨，补刷防锈漆。

（3）基础槽钢安装完毕后，将室外地线扁钢分别在室内（与变压器安装地线配合）与基础槽钢的两端焊牢，焊接面为扁钢宽度的两倍。然后将基础槽钢刷两遍灰漆。

（4）基础槽钢安装后，其顶部应高出抹平地面 10 毫米；手车式配电柜应与最后地面齐平；基础槽钢应有明显的可靠接地，接地点不得少于两点。

74. 如何防治充电站围栏和锁具锈蚀问题？

为防止出现围栏和锁具锈蚀的问题，需要注意以下几点：

（1）一般铁艺围栏表面都涂有防护漆，以适应日晒雨淋等恶劣环境，在选择铁艺围栏时，一定要仔细检查表面是否光滑、是否无划伤等现象。

（2）安装在通风及不易划伤的地点，可有效防止避免铁艺围栏生锈。

（3）当铁艺围栏的表面落灰尘时，应使用软刷子沿着缝隙刷，再用湿软布擦拭，避免刮花表面。

（4）锁具选择不锈钢锁具或对锁具采取防雨、防潮处理。

75. 设备吊装有哪些注意事项？

实施吊装作业，起重设备需经检验检测机构检验合格，并在特种设备安全监督管理部门登记。

电动汽车充换电设施建设中，箱式变压器及充换电设备等重大物件的起重、搬运工作应由有经验的专人负责，作业前应向参加工作的全体人员进行技术交底，使全体人员均熟悉起重搬运方案和安全措施。

起吊前，应由工作负责人检查悬吊情况及所吊物件的捆绑情况，认为可靠后方准试行起吊。

起吊、就位、安装过程中，必须采取保护措施。采取正确的龙门架起吊搬运方案，落实防划防碰措施。找正时用木段或橡皮锤垫上木板敲击，严禁用铁锤直接敲击。

76. 充电站停车车挡安装施工有何工艺要求？

为防止车辆碰撞充电桩，充电站应设置车挡，车挡设安装位置要离车位后边缘线要向前 1 米处，左右两边距离为 25 厘米，安装时候要用尺子或者其他线绳，尽量成一条直线，确保各车位车轮定位器在同一直线上。安装时用只需在硬质地面用冲击钻简单打孔，用膨胀螺栓固定在每个车位上。还必须用弹线，用道钉或螺栓坚固一位，确保各车位车轮定位器在同一直线上。车挡安装标准工艺如图 3-5 所示。

图3-5　车挡安装标准工艺

第四节 电气工艺

77. 充换电设施建设项目接地焊接有何工艺要求？

各类接地的设计应充分考虑设备、构件的接地位置，保证接地施工的工艺规范。钢质接地装置应采用焊接连接，其搭接长度应符合下列规定：

（1）扁钢与扁钢搭接为扁钢宽度的 2 倍，不少于三面施焊。

（2）圆钢与圆钢的搭接为圆钢直径的 6 倍，双面施焊。

（3）圆钢与扁钢搭接为圆钢直径的 6 倍，双面施焊。

（4）扁钢和圆钢与钢管、角钢、互相焊接时，除应在接触部位两侧施焊外，还应增加圆钢搭接件。

（5）焊接部位应做防腐处理。

标准工艺如图 3-6 所示。

图3-6 钢质接地装置焊接标准工艺

78. 充换电站电缆敷设有何工艺要求？

充换电站电缆敷设工艺有以下要求：

（1）电缆的敷设，应排列整齐、捆扎牢固、标示清晰，端接处长度应留有适当富裕量，不得有扭绞、压扁和保护层断裂等现象。

（2）电缆接入供电和用电设备柜时，应捆扎固定，不应对柜内端子或连接器产生额外应力。

（3）电缆在支架上的敷设应符合下列要求：①控制电缆在普通支架上，不宜超过 1 层，桥架上不宜超过 3 层；②交流三芯电力电缆，在普通支吊架上不宜超过 1 层，桥架上不宜超过 2 层；③交流单芯电力电缆，应布置在同侧支架上；④当按紧贴的正三角形排列时，应每隔 1 米用绑带扎牢。标准工艺如图 3-7 所示。

图3-7 电缆敷设标准工艺

79. 何种情况下充换电设施建设项目采用电缆穿管敷设？电缆穿管有何工艺要求？

电缆穿管即为在电气设备施工中，对于一些电缆需要穿过建筑物，地下或容易损伤电缆的地方时，需要电缆在管中通过。在充换电设施建设工程中，如下情况时应选择电缆穿管方式进行电缆敷设：

（1）在有爆炸危险场所明敷的电缆，露出地坪上需加以保护的电缆，以及地下电缆与公路、铁道交叉时，应采用穿管。

（2）地下电缆通过房屋、广场的区段，以及电缆敷设在规划中将作为道路的地段，宜采用穿管。

（3）在地下管网较密的工厂区、城市道路狭窄且交通繁忙或道路挖掘困难的通道等电缆数量较多时，可采用穿管。

电缆穿管的工艺要求为先按施工图纸把保护管敷设好，再把电缆穿入 PVC 管或冷弯管到达用电器，走线时注意横平竖直。并且，电缆管的弯曲半径不应小于所穿入电缆管的最小允许弯曲半径。

80. 何种情况下充换电设施建设项目采用直埋电缆敷设？

直埋电缆是按照规范的要求，挖完直埋电缆沟后，在沟底铺砂垫层，并清除沟内杂物，再敷设电缆，电缆敷设完毕后，要马上再填砂，还要在电缆上面盖一层砖或者混凝土板来保护电缆，然后回填的一种电缆敷设方式。

充换电设施建设工程中，直埋电缆敷设方式的选择，宜满足以下规定：

（1）同一通路少于 6 根的 35 千伏及以下电力电缆，在厂区通往远距离辅助设施或城郊等不易有经常性开挖的地段，宜采用直埋；在城镇人行道下较易翻修情况或道路边缘，也可采用直埋电缆敷设。

（2）当沿同一路径敷设的室外电缆小于或等于 8 根且场地有条件时，宜采用电缆直接埋地敷设。在城镇较易翻修的人行道下或道路边，也可采用直埋电缆敷设。

（3）在有化学腐蚀或杂散电流腐蚀的土壤中，不得采用直接埋地敷设电缆。

（4）厂区内地下管网较多的地段，可能有熔化金属、高温液体溢出的场所，待开发有较频繁开挖的地方，不宜用直埋电缆敷设。

81. 电缆直埋敷设有何工艺要求?

充换电设施建设项目中电缆直埋敷设施工时，应符合下列工艺要求：

（1）电缆应敷设于壕沟里，并应沿电缆全长的上、下紧邻侧铺以厚度不少于 100 毫米的软土或砂层。

（2）沿电缆全长应覆盖宽度不小于电缆两侧各 50 毫米的保护板，保护板宜采用混凝土。

（3）城镇电缆直埋敷设时，宜在保护板上层铺设醒目标志带。

（4）位于城郊或空旷地带，沿电缆路径的直线间隔 100 米、转弯处或接头部位，应竖立明显的方位标志或标桩。

（5）当采用电缆穿波纹管敷设于壕沟时，应沿波纹管顶全长浇注厚度不小于 100 毫米的素混凝土，宽度不应小于管外侧 50 毫米，电缆可不含铠装。

（6）直埋敷设于非冻土地区时，电缆埋置深度应符合电缆外皮至地下构筑物基础，不得小于 0.3 米，电缆外皮至地面深度，不得小于 0.7 米，当位于行车道或耕地下时，应适当加深，且不宜小于 1.0

米。直埋敷设于冻土地区时，宜埋入冻土层以下，当无法深埋时可埋设在土壤排水性好的干燥冻土层或回填土中，也可采取其他防止电缆受到损伤的措施。

（7）直埋敷设的电缆，严禁位于地下管道的正上方或正下方。

（8）直埋敷设的电缆与铁路、公路或街道交叉时，应穿于保护管，保护范围应超出路基、街道路面两边以及排水沟边 0.5 米以上。

（9）直埋敷设的电缆引入构筑物，在贯穿墙孔处应设置保护管，管口应实施阻水堵塞。

（10）直埋敷设电缆的接头配置，应符合：①接头与邻近电缆的净距，不得小于 0.25 米；②并列电缆的接头位置宜相互错开，且净距不宜小于 0.5 米；③斜坡地形处的接头安置，应呈水平状；④重要回路的电缆接头，宜在其两侧约 1.0 米开始的局部段，按留有备用量方式敷设电缆。

（11）直埋敷设电缆采取特殊换土回填时，回填土的土质应对电缆外护层无腐蚀性。

82. 设备机柜中布线有何要求？

设备机柜中布线时，应注意一下问题：

（1）机柜中应设走线槽。机柜根据所装设备，配置走线横、竖槽道。线槽应平整、无扭曲变形，内壁应光滑、无毛刺。线槽的连接应连续无间断，每节线槽的固定点不应少于两个，在转角、分支处和端部均应有固定点，并紧贴墙面固定。接口应平直、严密，槽盖应齐全、平整、无翘角。

（2）不能有过度的线缆弯曲半径。线缆的弯曲半径不得超过线缆本身线径的 8 倍的弯曲半径。

（3）强弱电分开。通信线缆不同于电力电缆，当电力电缆产生电磁波会影响通信线缆的通信性能，导致数据混乱等现象，从而不能正常的通信。

（4）机柜布线不能有太多的线缆备用冗余。

（5）成束的线缆不能过紧的扎在一起。规范整洁的线缆敷设增加整个机房及水平区美观，使整个系统看上去漂亮，但通信线缆线芯一般比较细，多股线缆一起敷设时，如果过紧的扎在一起，容易产生串扰，这对线缆本身来说，是得不偿失的。另外，长时间过紧扎线，极容易造成线缆外护套的破裂。

（6）多线缆时采用理线板。

（7）每机柜上底设置 4 个防尘进线孔，要求用海绵和橡胶垫做防尘处理，防止机柜铁板划伤电缆。

83. 电气控制柜各部分及组件之间的接线有何要求？

电气控制柜各部分及组件之间的接线应遵循如下原则：

（1）开关电器、控制板的进出线一般采用接线端头或接线鼻子连接，这可按电流大小及进出线数选用不同规格的接线端头或接线鼻子。

（2）电气柜、控制柜、柜（台）之间以及它们与被控制设备之间，采用接线端子排或工业连接器连接。

（3）弱电控制组件、印制电路板组件之间应采用各种类型的标准接插件连接。

（4）电气柜、控制柜、柜（台）内的元件之间的连接，可以借用元件本身的接线端子直接连接，过渡连接线应采用端子排过渡连接，端头应采用相应规格的接线端子处理。

标准工艺如图 3-8 所示。

图3-8　电器控制柜接线标准工艺

84. 电缆封堵有何要求？

电缆封堵既可以防止电缆火势的延燃，又可以防止小动物进入电气设备引起的事故。凡穿越墙壁、楼板和电缆沟道而进入控制室、开关室、电容器室、消弧线（接地变压器）室所用变室，保护室、电缆夹层、电气柜（盘）、交直流柜（盘）控制屏及仪表盘、保护盘等处的电缆孔、洞都需要封堵。防火阻燃措施符合设计要求，必须采用合格的不然或阻燃材料封堵。电缆管封堵严实。电缆封堵的施工应注意以下内容：

（1）施工时将有机防火堵料密实嵌于需封堵的孔隙中，电缆管封堵要严实。

（2）所有穿层周围必须包裹一层有机堵料，（不得小于 20 毫米）并均匀密实。

（3）有机防火堵料与其他防火材料配合封堵时，有机防火堵料应高于隔板 20 毫米，呈几何形状。

（4）电缆预留孔和电缆保护管两端口应用有机防火堵料封堵严密。堵料嵌入管口的深度不小于 50 毫米。

电缆封堵标准工艺如图 3-9 所示。

图3-9 电缆封堵标准工艺

第四章

验收及投运

第一节　充电设备质量管理

85. 充电设备质量监督管理的内容是什么？

按照设备全寿命周期管理要求，电动汽车充电设备质量监督管理内容是指从设备材料选型、招标采购、生产制造、安装调试、车联网接入、充电服务、运行维护到退役报废全过程进行质量监督管控，如图 4-1 所示。

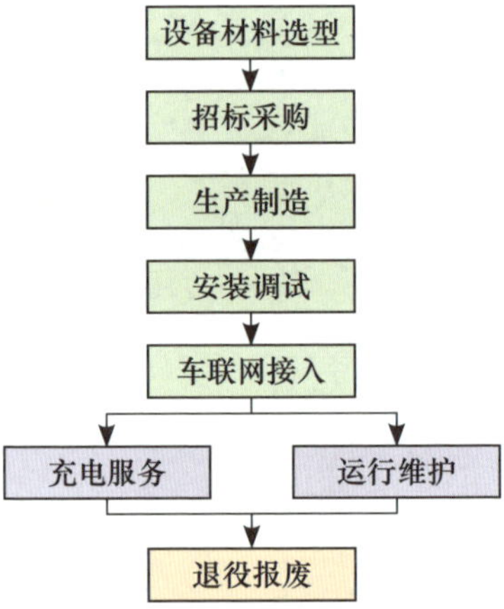

图4-1　充电设备质量监督管理

86. 项目单位如何加强对充电设备的质量控制？

为保证充电设备满足安全、质量、兼容性等要求，提高运维效率和服务质量，省公司和地市公司应组织开展电动汽车充电设备质量控制和检验检测工作，可以采用生产监造、供货抽检、充电桩现场全检、计量器具首检等方式。在设备生产和出厂试验阶段，对设备生产工艺、基本功能、安全性能、电气性能、接口兼容性试验等进行见证。在设备供货前，委托具有相关经验或资质的检测机构开展抽样检测，抽样率不宜低于 5%，检测项目包括技术参数、功能要求、防护要求、安全要求、电磁兼容性等项目，如图 4-2 所示。

图4-2 充电设施质量控制

87. 充电设备监造内容有哪些?

电动汽车充电设备的生产监造工作具体包括以下几个方面，实际执行过程中可全部检查或对其中某些条款进行重点抽查：

（1）审查充电设备供应商的质量管理体系及运行情况，质量管理体系的认证范围是否涵盖充换电设备的生产制造。

（2）监督见证主要生产工序的生产工艺设备、操作规程、检测手段、测量试验设备和有关人员的上岗资格、设备制造和装配场所的环境是否满足充电设备生产制造要求。

（3）监督见证、充电连接器等主要原材料、组部件的质量证明文件、试验、检验报告和外协加工件、委托加工材料的质量证明以及供应商提交的进厂检验资料，并与实物相核对。

（4）在制造现场对充电设备整体及充电模块、充电控制器等关键组部件的制造装配工序、工艺和制造质量进行监督和见证。

（5）监督见证在技术规范及技术协议中约定的产品制造过程中拟采用的新技术、新材料、新工艺的鉴定资料和试验报告。

（6）监督见证供应商各制造阶段的检验或测试。

（7）监造组应审核设备出厂试验方案，并提前报送监造委托方，组织设备出厂试验见证。

（8）检查设备包装质量、存放管理和装车发运准备情况。

88. 充电设备监造过程中发现问题应如何处理？

按物资监造管理规定，根据充电设备的质量问题对工程实施造成的影响程度，将质量问题分为轻微、一般、严重三个等级，具体处理方法如下：

（1）轻微质量问题主要是指在制造现场经过简单修复能够满足设备技术条件，不影响交货期，不遗留安全隐患的问题。对轻微质量问题，监造组应在现场及时指出，要求供应商立即处理，同时在监造日志中记录，并通过监造周报向监造委托方汇报。

（2）一般质量问题主要是指在制造现场经过修复能够满足设备技术条件，不影响设备安全运行，但一定程度上影响交货期的问题。对一般质量问题，监造组要及时查明情况，向供应商发出工作联系单，要求供应商分析原因并提出处理方案，同时在监造日志中记录，并通过监造周报向监造委托方汇报。监造组审核处理方案后监督供应商实施，整改情况需报送监造委托方。

（3）严重质量问题主要是指发生以下一种或多种问题：在制造现场需要较长时间才能修复，严重影响设备交货期；产品出厂试验不合格；供应商擅自改变主要原材料 / 组部件 / 外协件；在产品制造过程中，供应商生产环境失控明显劣化等。对严重质量问题，监造组应向供应商发出工作联系单并以即时报方式报送监造委托方，按照监造委托方的意见督促供应商处理并跟踪，整改情况需要监造委托方验收确认。

89. 如何开展充电设备验收投运阶段质量管理?

（1）到货验收阶段：充电设备到货后，项目单位应组织监理、施工安装、设备供应商等单位共同完成设备开箱检查，做好供货清单核对确认，确保物资接收顺利、完整。项目单位要严格按照合同约定、技术标准等对到货物资予以验收。

（2）安装调试阶段：施工安装前，应督促供应商提供产品安装说明书等有关资料，说明安装注意事项，做好技术交底；安装调试中，督促供应商派遣技术熟练、责任心强、协调能力强的现场服务人员，加强安装技术指导和过程监控，进行现场调试和车联网平台联调接入。

（3）运行阶段：项目单位要及时将充电设备运行阶段的质量问题反馈给供应商，督促供应商及时处理，加强跟踪。

90. 充电设备供货前抽检有哪些方式?

依据检测地点的不同，抽检分为厂外抽检和厂内抽检，厂外抽检是指项目单位在供应商生产制造现场以外实施的抽检，包括仓储地抽检、试验室检测（含送第三方检测）。厂内抽检是指在供应商生产制造现场实施的抽检工作。充电设备整机抽检应在产品小批量生产后开展，推荐采取厂外抽检，且采取厂外抽检的检测样品原则上应采取盲样的方式进行检测，抽检样品的外包装可开启的部位需贴封条。当需要对半成品及重要原材料组部件或者重要工序进行检测时，可采取厂内抽检。

91. 如何制订充电设备供货前抽检计划?

电动汽车充电设备的供货前抽检计划可以参照以下原则制订：

（1）抽检计划要按照各单位年度招标采购供应商及充电设备种

类的全覆盖原则统筹考虑。

（2）抽检计划一般按充电设备的中标批次制订抽检计划，批次抽检计划根据批次中标结果、供货计划统筹编制，内容应包括批次号、项目名称、充电设备种类及数量、供应商、实施单位、实施时间、重点检测项目及抽检方式等。

（3）各单位制订充电设备抽检计划时要有针对性，特别是以往发现问题较多、故障率（质量原因引起的非计划停运）较高的、有家族性缺陷的、批次中标量较大、中标价格偏低、新入网，以及采用了新技术、新材料、新部件、新工艺等的充电设备。

92. 如何处理充电设备供货前抽检发现的问题？

电动汽车充电设备抽检发现质量问题后，应根据问题性质严重程度采取相应措施：

（1）对不影响设备安装调试及车联网接入进度，预期投运后不遗留安全隐患的轻微质量问题，可督促供应商进行现场修复，整改情况需要项目单位的验收确认。

（2）对供应商擅自更换原材料组部件、电气及安全等方面技术性能指标不满足要求等的较严重质量问题，须对供应商采取换货、退货措施，并要求供应商延长质保期，按照合同约定进行违约罚款，整改情况需要项目单位营销专业管理部门及物资部门验收并报上级部门确认。

（3）对批量出现质量问题、供应商擅自采用劣质原材料或组部件、设备电气及安全性能指标无法满足充电服务要求等特别严重质量问题，除按照上条进行处理外，还须依据物资部门的《供应商不良行为处理实施细则》，进行相应处理，整改情况需要项目单位营销专业管理部门及物资部门验收并报上级部门批准。

93. 如何处理充电设备到货验收中发现的问题？

电动汽车充电设备在到货验收中发现物资不符合合同要求且经双方代表确认属供应商责任的，由供应商负责处理。经书面发函通知，供应商未按时到达现场参与验收的，视同供应商认可验收结果。根据问题类别可分为：

（1）对于非质量、可现场处理的问题，要求供应商在规定期限内现场进行缺陷处理。

（2）对于重要的、质量的、不可现场处理的问题，要求供应商进行限期返厂处理。

（3）对于充换电设施建设项目物资少量缺失或备品备件缺失的情况，要求供应商立即发货补齐。

94. 充电设备的检测参考哪些标准？需要开展哪几类试验项目？

电动汽车充电设备检测试验项目的类型一般包括一般检查、功能检查、电击防护试验、绝缘性能试验、充电输出试验、安全要求试验、兼容性试验（含互操作性和通信协议一致性）、温升试验、噪声试验、机械强度试验、环境试验、电磁兼容试验等。在试验项目的选择时除参考上述标准中规定的项目外，还需参考充电设备招标技术规范中的要求，见表 4-1、表 4-2。

表4-1　　电动汽车直流充电机检测主要参考的标准

标准编号	标准名称
GB/T 18487.1—2015	电动汽车传导充电系统　第1部分：通用要求
GB/T 27930—2015	电动汽车非车载传导式充电机与电池管理系统之间的通信协议

续表

标准编号	标准名称
GB/T 20234.1—2015	电动汽车传导充电用连接装置　第1部分：通用要求
NB/T 33001—2010	电动汽车非车载传导式充电机技术条件
NB/T 33008.1—2013	电动汽车充电设备检验试验规范　第1部分：非车载充电机
Q/GDW 1233—2014	电动汽车非车载充电机通用要求
Q/GDW 1591—2015	电动汽车非车载充电机检验技术规范
Q/GDW 1235—2014	电动汽车非车载充电机通信协议

表4–2　交流充电桩检测主要参考的标准

标准编号	标准名称
GB/T 18487.1—2015	电动汽车传导充电系统　第1部分：通用要求
GB/T 20234.1—2015	电动汽车传导充电用连接装置　第1部分：通用要求
NB/T 33002—2010	电动汽车交流充电桩技术条件
NB/T 33008.2—2013	电动汽车充电设备检验试验规范　第2部分：交流充电桩
Q/GDW 1485—2014	电动汽车交流充电桩技术条件
Q/GDW 1592—2015	电动汽车交流充电桩检验技术规范

95. 充电设备的检测有何工作要求？

充换电设施建设项目中对电动汽车充电设备的检测主要分为型式试验、出厂检验、到货检验和定期检验 4 类。其中型式试验是为了验证产品能否满足技术规范的全部要求所进行的试验。在下列情况下，电动汽车充电设备应进行型式试验：

（1）新投产的产品（包括转厂生产的产品），应在生产鉴定前进行型式试验。

（2）连续生产的产品，应每三年对出厂验收合格的产品进行型式试验。

（3）当设计变更，工艺或主要元器件改变，影响产品性能时，应在投入生产前进行型式试验。

（4）停产两年以上的产品，应在再次投入生产前进行型式试验。

试验结果判定时，每个类别的所有试验项目都符合要求后，才能判定此类别合格，否则判定为不合格。

96. 与2011版国标相比，2015版国标充电设备新增检测要点有哪些？

新增检测要点（产品符合性的试验验证项目）与升级内容相对应，主要包括充电机（桩）新增的加门禁系统、加装的电子锁止装置、增加的电压泄放回路、修改的充电控制时序、更新的充电机与车辆电池管理通信协议报文格式及时间要求等。

第二节 充电桩接入车联网

97. 充电桩联调测试是什么？

拟接入车联网平台的不同厂商、不同规格的充电桩，均应通过国网电动汽车服务有限公司组织的接入前测试，该接入测试即称为充电桩联调测试。充电桩联调测试是充电桩运营运维的基础性工作，为保障充电桩长期稳定运行，各级单位应特别加强对新增供应商联调测试情况的跟踪，对久测不通或存在工期延误风险的供应商采取约谈、通报等督办措施。已通过联调测试并在现场投运的设备，如现场问题较多，国网电动汽车服务有限公司也将不定时通知设备厂家进行测试，完善充电桩控制器软件版本，满足车和 TCU 端通信的实时性和准确性，设备厂家要承诺限期整改已供货同规格设备，以确保该规格充电桩能满足正常运营需求。

98. 充电桩联调测试有什么注意事项？

（1）通过国家电网有限公司专项资质审查的企业、第三方 TCU 充电桩预接入车联网平台的企业可申请联调测试，联调测试通过后方可进充电桩现场接入环节。

（2）企业供货的不同规格产品都要进行联调测试，并取得相应规格接入证明。

（3）联调测试由国网电动汽车服务有限公司授权或委托的专业检测机构进行，不得在施工现场或设备厂家厂内进行。

99. 充电桩联调测试流程是什么？

开展充电设备车联网平台联调测试应遵循以下流程：

（1）充电设备厂商提交签字盖章的“充电桩联调测试申请单”给国网电动汽车服务有限公司，申请单如图 4-3 所示。

（2）国网电动汽车服务有限公司审核“充电桩联调测试申请单”，审核通过后，通知车联网开发单位配合测试。

（3）车联网开发单位提供测试网址、用户名、密码，并寄送联调使用的充电卡和 ESAM 至充电设备厂商。

（4）充电设备厂商接收联调充电卡和 ESAM，登录测试环境网签联调协议，下载 TCU 程序。

（5）完成联调，车联网开发单位出具联调测试报告（在线），充电设备厂商可查询下载。

（6）充电设备厂商退回联调充电卡和 ESAM。

（7）车联网平台更新发布联调测试报告。

充电桩联调测试申请单					
联调注意事项： 在联调周期内未完成测试需重新申请。					
申请单位填写					
申请单位					
申请人姓名		手机号		邮箱	
申请厂家详细地址					
联调开始时间			联调周期	天	
申请单位意见	签字（盖章）：日期：				

图4-3 充电桩联调测试申请单

100. 充电桩接入车联网平台前需要做好哪些工作？

（1）充电设备供应商提前开展对应型号充电设备的车联网平台联调测试，供货时应提供合格的车联网平台联调测试报告。

（2）国网电动汽车服务有限公司应根据技术的发展和现场反馈的充电桩问题，不断优化联调测试用例并实施，提前了解各地充电桩接入的信息，保障后台调试人员配备。

（3）国网电动汽车服务有限公司在地方物价政策条件下，与省公司共同确定各地计费标准，完成计费模型制定。计费模型需增加或更新的，由省公司提出申请，国网电动汽车服务有限公司计费模型管理员在 2 个工作日内完成审批并录入平台。

（4）项目单位提前准备好 TCU 接入车联网用的物联网专用 SIM 卡（采用主、备卡配置）。

（5）充电设备调试接入单位应提前测试办理用充电卡，准备实测用的电动汽车。

101. 项目单位如何有序组织充电桩接入车联网平台？

充换电设施建设单位应按照充电设备接入计划及接入准备情况，组织项目监理、施工和运维单位以及充电设备供应商合理编排调试路线和接入时序，对同一供应商在相邻地市区域集中开展充电设备接入工作应重点做好统筹安排，同时应配备充足的现场接入实施人员。

102. 配备充电桩接入车联网平台用的物联网SIM卡时应注意哪些问题？

充电桩接入车联网专用的物联网 SIM 卡（采用主、备卡配置）因采购周期较长，宜在项目立项后即刻开展，中国移动、中国联通、中国电信等运营商均可提供物联网 SIM 卡。TCU 内应配置同时支持中国移动、中国联通、中国电信 4G/3G/2G 的全网通通信模块，对不满足上述 7 模通信要求的 TCU，应要求设备厂家整改。物联网 SIM 卡按照流量收费，面向企业批量销售，办理时需向运营商提供本单位营业执照、法人身份证等企业实名制资料。

103. 什么是车联网平台计费模型？如何申请及变更计费模型？

车联网平台计费模型是充电桩对外运营收费的计费模型，由充电电费和充电服务费两部分组成。国网电动汽车服务有限公司应在地方物价政策条件下，与省公司共同确定各地计费标准，完成计费模型制定。计费模型需增加或更新的，由省公司提出申请，国网电动汽车服务有限公司计费模型管理员在2个工作日内完成审批并录入平台。充电桩运维巡视中应一并检查充电桩计费模型是否正常，对现场错误的计费模型应及时向省公司提出计费模型变更，并对更新的计费模型进行现场复核。

104. 如何申请充电桩接入注册码？

充电桩接入注册码是充电桩申请接入车联网时使用的标识码，是由数字和大写的英文字母组合而成的40位字符串，在巡检APP中申请，申请时需选择充电桩对应的计费模型，电费模型和服务费模型分别选择，操作界面如图4-4所示。地市公司充电设施管理员应统筹充电桩接入数量，统一申请充电桩接入注册码，申请时应按照“少量多次”原则，严格保证注册码保存安全，严禁外泄。充电桩接入注册码有效期为7天。

图4-4 计费模型申请操作界面

105. 如何进行充电桩接入调试？

由地市公司设施注册员申请注册码后交付充电设备厂家工程师，设备厂家工程师对计划接入的充电桩进行现场注册，注册完成后与车联网平台接入人员对接进行实车充电联调，在充电站现场以电动汽车充电卡、二维码扫码、账户密码三种方式对电动汽车进行充电，车联网平台核实充电桩的工作性能、实时通信情况，计费模型、基本信息、时间设置正确性，故障传动的准确性，每项测试均必须达标，如图 4-5 ~ 图 4-7 所示。

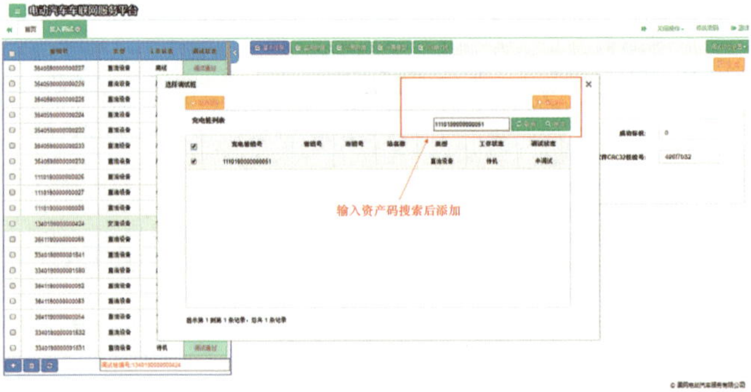

图4-5　接入调试界面-1

图4-6　接入调试界面-2

图4-7　接入调试界面-3

106. 充电桩资产码是什么？

充电桩资产码是充电桩在车联网平台的唯一标识，为 16 位数字串。接入人员使用充电桩接入注册码在 TCU 设备上进行注册，车联网平台对充电桩注册信息进行验证，验证通过后生成充电桩资产码。

省公司和地市公司可通过车联网平台下载资产码二维码图示，制作统一标识张贴于对应充电桩固定位置，便于后期运维管理。

107. 国家电网有限公司对内外部充电桩接入车联网平台有何管理要求？

国家电网有限公司建设的充电桩建成后需全部直接接入车联网平台，不得从其他平台或系统转接。各单位计划外自建充电桩需接入车联网平台的，应报国家电网有限公司营销部批准后，在车联网平台中设置虚拟项目后，按项目管理流程完成接入。

平台接入方式有静态接入和动态接入两种，静态接入主要需提供充电设施的设备型号、充电功率、地理位置、经纬度信息、现场照片、运营商等信息，动态接入在静态接入的基础还应实现充电设施运行状态监控、是否接受预约充电以及充电交易结算业务等。

独立运营的第三方充电设备需接入车联网平台的，第三方公司首先与国网电动汽车服务有限公司签署商务合作协议。协议签署后，车联网工作人员根据协议内容建立第三方公司的平台组织机构，设置电动汽车充电卡管理员、设施注册员、充电设施管理员、巡视员和检修员等角色，各个角色的管理人员按照流程完成充电桩的接入。接入流程同国家电网有限公司投资的充电桩接入流程。

第三节 项目验收

108. 充换电设施建设项目验收的总体工作要求是什么？

充换电设施建设项目应开展阶段性验收（中间检查）和竣工验收。验收工作的主体是各级项目单位，项目施工、监理、设计单位及项目单位的财务、纪检、档案等管理部门应根据项目实际情况配合做好项目验收工作。项目验收应依据国家及行业有关法规、标准和规范，以及国家电网有限公司关于验收规范的有关规定，根据项目设计和建设过程中的相关文件资料，对项目施工工程和设备进行验收检查。对于验收中发现的问题，责任单位要限期整改，整改完毕后重新验收，验收合格后出具验收证书。

109. 充换电设施建设项目阶段性验收有何工作要求？

项目阶段性验收（中间检查验收）是项目验收的重要组成部分，

主要是对项目隐蔽性工程部分、项目关键环节或重要节点开展的检查验收。对阶段性验收过程中发现的缺陷，项目单位应在验收后 5 个工作日内出具阶段性验收结果报告，施工单位应对报告中提出的不合格项进行整改，整改完毕后，报请复验，复验合格后方可继续施工。

110. 充换电设施建设项目，隐蔽性工程验收有何要求?

所有充换电设施建设项目均包含隐蔽性工程（暗敷管线、接地装置等）的项目，施工单位应在工程隐蔽前向项目单位或监理单位提出验收申请。项目单位在接到验收申请后 3 个工作日内组织项目运行维护、设计、监理单位进行隐蔽工程验收，并采取拍照、录影方式对隐蔽工程进行取证，取证资料纳入项目档案管理。

111. 充换电设施建设项目，重要节点工程验收有何要求?

根据批复的项目施工方案及施工环节，项目单位应及时组织施工关键环节或重要节点检查验收，检查合格后方可进入下阶段施工。

（1）在项目实施关键环节或重要节点，施工单位在完成工程施工后 3 个工作日内向项目单位提请验收申请，项目单位在接到验收申请后 3 个工作日内应组织开展验收，并编制阶段性验收报告。

（2）关键环节或重要节点验收应包含项目实施的进展情况、工程的选材情况、施工工艺情况等，并采取拍照、录影等方式进行取证，取证资料纳入项目档案管理。

112. 充换电设施项目竣工验收应具备什么前提条件?

充换电设施项目竣工验收应在施工单位自检基础上进行。施工单位在工程安装调试完毕后立即进行自验收，参加工程施工质量验收的各方人员应具备相应资质，隐蔽工程在隐蔽前应由施工单位通知监理等单位进行验收，并形成验收文件。经自验收合格后施工单位向项目单位提出项目竣工验收申请，并同时提交产品说明书、合格证件以及装配图等技术文件，产品工程验收报告，安装记录和安装调试报告，竣工图纸等。

113. 充换电设施项目竣工验收包含哪些内容？有何管理要求？

充换电设施项目竣工验收是指检验工程建设是否满足项目合同、技术协议、设计文件和联络会会议纪要等技术文件及相关标准和技术规范的要求，一般包括土建系统、供配电系统、充电系统、安防监控系统、通信系统、消防系统、辅助系统和项目资料验收。

项目单位接到施工单位验收申请后，10 个工作日内组织竣工验收工作。项目单位负责组建竣工验收组，邀请建设、运行、设计、施工、监理、安监等单位的专家代表参加，根据验收内容实行专家分组验收。验收工作组按照 NB/T 33004—2013《电动汽车充换电设施工程施工和竣工验收规范》中规定的验收流程和验收大纲进行验收工作，同时应符合当地政府相关工程验收工作要求，验收结束后完成验收报告的编制、上报和审批工作。

省公司应对地市公司充电设施工程竣工验收工作进行督导抽查，确保项目验收质量。各级单位应对现场验收发现的问题，明确整改内容、责任单位以及时限要求，并对整改情况进行跟踪和反馈。整改完毕后，项目单位可根据需要再次组织验收，直至验收合格为止。充换电设施竣工验收工作图如图 4-8 所示。

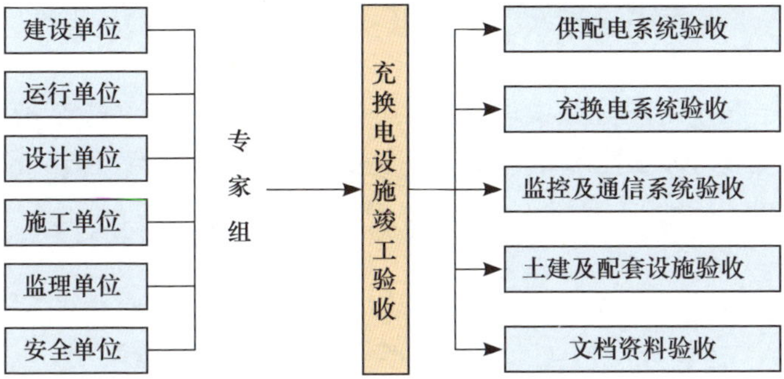

图4-8 充换电设施竣工验收工作图

114. 充换电设施项目，供配电系统竣工验收主要内容是什么?

充换电设施项目的供配电系统包含变压器、变流柜和控制柜等盘柜、母线和二次回路、低压配电装置、电缆、电能计量装置、防雷接地装置。竣工验收时，应对照合同、设计图纸等技术文件及施工记录对供电系统各部分进行验收。各部分验收时应符合相应标准要求。

（1）整体外观验收，供配电设备同类电器设备的安装高度，在设计无规定时应一致。

（2）设备型号、配置、参数和数量检查核对，包括变压器、变流柜及控制柜等盘柜、母线装置、电缆、低压配电、电能计量等部分设备。

（3）检查低压配线的接线盒相序、配电设备布置、配电线路的保护、配电线路的敷设。

（4）检测供电系统电压偏差、电压不平衡度、谐波限值等参数。

（5）检查供电系统电气装置的防雷和接地。

115. 充换电设施项目，充电系统竣工验收主要内容是什么？

按照充换电设施建设项目内容不同，充电系统分为交流充电桩、非车载直流充电机、电池更换站用充电机三种类型，竣工验收时应对照设备招标技术规范、施工图纸及安装调试记录进行验收。重点检查内容如下：

（1）检查充电桩（充电机）的型号、配置和数量。

（2）检查安装情况。充电设备安装和施工应符合设计要求，并严格按照施工图安装接线，设备安装好后电缆沟（管）应可靠封堵。交流充电桩和非车载充电机的桩体应安装牢固，安装高度应保证电气连接和人机交互操作方便，并采取必要的防盗、防撞、防恶意破坏措施。电池更换站用充电机在站内应合理布置，以利于通风和散热。

（3）检查充电桩（充电机）图纸与实物，核对设备基本构成、结构、技术参数、标志与标识，桩体应在醒目位置标识相关操作的说明文字及图形。

（4）检查充电桩（充电机）设备功能，包括人机交互功能、计量功能、刷卡付费功能、通信功能、安全防护功能、自检功能、与监控系统的通信协议，非车载直流充电机还要检查与电动汽车 BMS 的通信协议。

（5）检查充电系统的防雷接地。

116. 充换电设施项目，电池更换系统竣工验收主要内容是什么？

电池更换系统包含电池箱、充电架、电池箱更换设备、电池箱存储架、电池箱转运设备、电池箱检测与维护设备、车辆导引装置。

竣工验收时应对照设备招标技术规范、施工图纸及安装调试记录进行验收。重点检查以下内容：

（1）检查电池更换系统中各类设备是否按照施工图纸的要求进行施工和安装。

（2）检查充电箱，与充电机、电动汽车通信功能，宜具备温度调节功能，电池箱连接器应具备必要的位置修正功能以确保端子准确可靠连接。

（3）检查充电架组合结构，应无变形、污渍、倾斜、牢固可靠，应与电池箱匹配，应具有对电池箱的限位固定功能及导向功能，应具备电池箱就位、充电和充满等状态显示功能，宜配置温度调节装置，并具备烟雾报警功能。

（4）检查电池更换设备，全自动电池箱更换设备应具有自动、半自动、手动等多种可选的操作模式，应具有可靠固定电池箱的机构，确保电池箱的安全转运，应具备异常状态自动检测和停机功能，配备手动控制急停装置，应配备必要的电池箱应急更换设备。

117. 充换电设施项目，监控系统竣工验收主要内容是什么？

监控系统是指应用信息、网络及通信技术，对充换电设施的设备运行状态和环境进行监视、控制和管理的系统，一般由计算机、电缆、网络和通信等设备组成。充换电设施监控系统一般包括供电监控系统、充电监控系统、电池更换监控系统和安防监控系统等子系统。重点检查以下内容：

（1）监控系统功能检查，应具备对供电状况、电能质量、供电设备运行状态、充电过程、电池更换设备运行过程等进行监视和控制，对系统运行数据进行存储和管理，对充换电设施进行视频监控和出入口控制等。

（2）检查监控系统的线缆敷设、引入、接续情况。

（3）检查监控系统各设备房间的设备布置、线缆布放与其他设备或障碍物的距离，需要满足检修、维护、消防及设计文件的要求。

118. 充换电设施项目，土建及配套设施竣工验收主要内容是什么？

充换电设施土建工程主要包括设备基础、站内建筑物、站内地面、车位雨棚等部分。竣工验收时应对照施工图纸及施工记录重点检查站内的砖石工程、屋面工程、地面工程、采暖和给排水工程、电气照明装置、防雷接地工程、钢结构雨棚、站内标识。

119. 充换电设施项目，文档资料验收主要内容是什么？

文档资料验收包含工程资料和厂家资料文件两类，是充换电设施投入使用后的存档资料，以便日后对充换电设施进行检修、改造等用，资料清单见表 4-3。

表4-3 充换电设施竣工验收文档资料清单

类别	内容
工程资料	项目立项等工程前期文件
	可行性研究报告、批复等资料
	初步设计、批复等资料
	设计变更及修改资料，包括变更通知单、变更预算、签证等
	施工图设计技术文件材料
	招标文件和合同

续表

类　别	内　　容
工程资料	土建施工文件材料
	充换电设备和电气设备安装文件材料
	现场调试报告
	竣工、验收文件
	工程管理文件
	统计报表，简报
	工程监理、质量监督、设备监造等资料
	工程量审核确认单
	反映现场实际工程量的影像资料
	设备布置图
	竣工图（土建、电气、通信、水通、暖通、消防、安防等）
厂家资料	设备清单
	合格证、出厂试验报告
	设备说明书、使用说明
	设备安装、工程图纸

120. 充换电设施项目竣工验收中发现的差异、偏差和缺陷分别是指什么？

差异是指验收过程中发现的充换电设备型号、配置、数量级技术参数，以及充换电设施土建及其他配套设施与项目合同等技术文件及相关标准和技术规范之间存在的不相符合的项目。

偏差是指验收过程中发现的不满足项目合同等技术文件及相关

标准和技术规范所规定的具体功能和性能指标，但不影响充换电设施稳定运行且可以通过简易修改补充得以纠正的差异。

缺陷是指在验收过程中发现的不满足项目合同等技术文件及相关标准和技术规范所规定的基本功能和主要性能指标，且影响充换电设施稳定运行和功能使用的差异。

121. 充换电设施项目竣工验收通过的要求有哪些？

充换电设施项目竣工验收后，达到以下要求可认为验收通过：

（1）项目的档案资料齐全；所有软、硬件设备型号、配置、技术参数均满足项目合同等技术文件的要求；验收结果满足 NB/T 33004—2013《电动汽车充换电设施工程施工和竣工验收规范》及国家和行业标准规范的要求。

（2）验收无缺陷，或有偏差但不致影响系统正常运行或安全。

第四节 充电站投运

122. 充电站投运前应完成哪些工作？

充电站投运前应确保完成以下工作：

（1）严格执行设备接入验证、设备到货抽检、投运前验收制度。

（2）充电站（桩）要严格按照《国网营销项目管理方法》及《国网电动汽车充换电网络建设管理办法》完成项目竣工验收。

（3）充电站（桩）电源具备正常供电条件。

（4）充电站（桩）管理、巡视及检修人员到位。

（5）以站为单位提交充电站接入车联网平台运营申请单，站内全部充电桩已提交档案维护工单。

123. 如何填写充电桩投运档案维护工单？

充电桩接入调试完成后，车联网平台下发充电桩投运档案维护工单，工单在商务平台—资产管理—我的待办内填写，填写要求如下：

（1）档案信息分级录入，工单填写前应先维护充电站点信息。在商务平台—资产管理—基础数据管理—充电站管理里对站点信息进行填写，勾选站点所属组织机构、行政区划、产权单位、运营商、站点性质（国网站或第三方站）、站点类型（专公用）、站点位置（高速或城市）、建设场所等，填写站名、站址、经纬度、服务电话。维护完成后，填写桩档案工单时通过勾选站点把充电桩录入对应充电站点。

（2）站点信息录入后，进入待办事项界面，填写工单。专公用选择里专用充电桩不会在 e 充电 APP 中对外显示；产权单位勾选错误将影响清分结算；设备型号按平台统一设置型号勾选；充电标准按“国标”或“国标 2015”勾选；勾选站点后站级信息会自动导入工单。

（3）充电站内全部工单提交后，须及时提交整站投运申请材料，所有信息无误后，平台审核人员才能审批投运该站点，二者缺一不可。

124. 充电站投运流程是什么？

（1）由省公司提交充电站投运申请单，申请单中要附充电站竣工验收报告封面及签字页照片、充电站实际位置照片、充电站现场照片、停车位收费照片，申请单格式如图 4-9 所示。

充电站接入车联网平台运营申请单

××电动汽车充电站站内充电桩已全部完成车联网平台接入验证，整站已完成项目竣工验收，工程质量“合格”。本充电站已具备在车联网平台运营条件，特申请投入运行。

充电站基本信息：

1. 充电站实际详细地址；
2. 充电站高德经纬度；
3. 充电站类型（公用、公交、高速、内部专用等）；
4. 充电站计费模型信息；
5. 交、直流桩数量、TCU版本及资产号；
6. 停车位信息。

申请单位（地市公司盖章）

审核单位（省公司营销部盖章）

图4-9 充电站投运申请单样式

（2）车联网平台管理员根据申请单确认站内的充电桩是否都已提交充电桩档案信息维护工单，并对充电桩的具体信息进行核对，主要包括：

电桩设备信息：充电桩类型、设备型号、最大输出电压、最大输出功率；

位置信息：充电站名称、充电站地址、充电站经纬度信息；

管理单位：资产产权所属单位、资产所在单位、资产管理单位信息；

其他：充电站类型、车位收费情况、车位开放时间等。

（3）全部充电桩信息合格后，充电桩档案信息维护工单审批通过，充电桩即投入运营，公用充电桩可在外网 www.echargenet.com、e 充电 APP 上显示相关信息，巡检 APP 上会显示管理区域内的充电桩信息。

（4）充电站投运后，国网电动汽车服务有限公司、国家电网有限公司客服中心应同步更新 95598 知识库和网站信息，指导省公司和地市公司完善营业厅窗口宣传资料。

125. 如何做好高速公路充电站投运工作？

（1）及时准确发布高速公路快充网络信息。国网电动汽车服务有限公司负责高速公路快充网络投运情况，编制投运公告，公布高速公路快充站位置、间距、服务能力、充电价格、服务电话，以及售卡营业厅等信息，经国家电网有限公司营销部审核后，在车联网平台和公司 95598 互动网站发布。

（2）主动提升车联网平台线上服务水平。国网电动汽车服务有限公司要提高高速公路快充网络服务响应级别，专门制订应急服务协调策略，建立绿色通道和更加高效的线上线下协同机制，保证电动汽车用户无忧远程出行。国家电网有限公司客服中心要第一时间掌握车联网平台和充电设施变更信息，加强座席人员专业培训，完善标准话术和知识库，认真了解、记录用户诉求，准确解答用户疑问，帮助用户解决充电问题。

（3）认真做好充电设施现场应急充电服务。省公司要确保整条高速公路快充站全部投运，省、地市公司分别组织一次全面巡视检查，确保供电设备和充电设备可靠运行。在快充站现场要做好必要的信息告示，在明显位置张贴充电价格、下一站距离、应急服务电话等。要在每座快充站提供单相和三相应急交流电源，对用户车辆无法使用直流快充的，作为应急补电措施。高速公路充电站信息告示牌如图 4-10 所示。

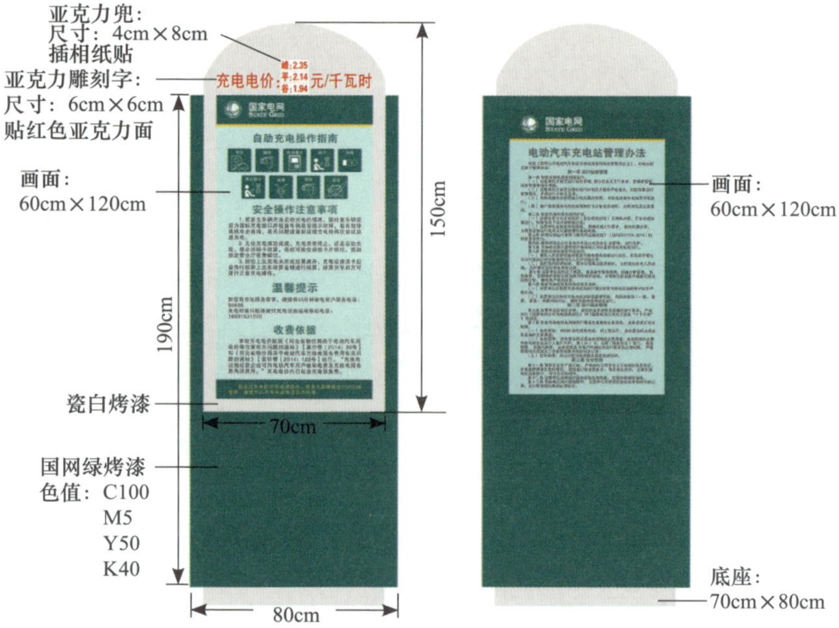

图4-10　高速公路充电站信息告示牌样例

126. 如何做好充电设施运维交接工作？

各级单位应在工程建设立项的同时，安排好充电设施运维资金，建立运维管理制度、运维业务规则和工作标准。工程建设完工后，运维人员应积极参与由工程建设单位组织进行的工程预验收和正式交接验收。对验收中发现的问题，及时提交工程建设单位现场处理。

在充电站投运前，各级单位应组建运维队伍，建立 24 小时运维保障机制，落实岗位责任，制订投运计划，做好备品备件和工器具配置，开展运维交接工作。运维交接内容主要包括移交设备说明书、试验报告、验收报告等资料，开展安全技术交底，组织设施维护、充电服务等业务培训。

127. 充电站试运营期是什么?

充电设施试运营是指充电设备接入车联网后，现场初步具备对外提供充电服务条件，但车联网平台及运维人员对充电服务的管理可能不周密、服务可能有欠缺，因而设置试运营期，用以改进和提升充电服务工作质量。各级单位可在充电设施接入车联网平台后、正式投运前，设置充电设施试运营期，并向车联网平台报备试运营计划。

128. 试运营期间，各单位应做好哪些工作?

充电站试运行期间，地市公司应组织运维单位做好现场故障和隐患排查、消缺工作；及时移除充电站点现场围挡，张贴投运公告；加大巡视力度，组织开展 TCU 版本维护、充分检验车桩兼容性，仔细排查箱式变压器、充电设备、通信设备和辅助设施的运行隐患；核对 APP 客户端地理位置、充电设施状态信息等是否准确，如有异常应立即组织问题消缺。试运行期限为 30 天，到期后转为正式运行。

129. 充电桩投运后是否能变更资产码?

已投运的充电桩，原则上不允许变更资产码，如要变更的，地市公司充电设施管理员发起原资产退运流程，设备厂家提前与平台联系并提交“情况说明与承诺书”（加盖厂家公章），车联网平台审批后方可现场实施。

现场接入环节变更资产的，设备厂家必须通知车联网平台接入管理员，同意后方可变更（平台删除旧资产，配合完成新资产现场接入）。已投运充电桩资产码变更情况说明及承诺书如图 4-11 所示。

已投运充电桩资产码变更情况说明及承诺书			
充电桩生产公司全称			
情况说明			
原资产码编号			
充电桩建设省市		充电桩管理单位	
充电桩所属站站名			
充电桩所属站站址			
TCU 厂家		TCU 型号	
充电桩投运时间			
原资产码信息无备份原因			
TCU 损坏原因			
DB 文件不能导出原因			
新资产码编号			
厂商承诺书 我公司郑重承诺： 因资产码变更导致的清分结算金额差异、用户消费记录丢失所造成的损失等问题，由我公司承担全部责任，并在后续工作中按要求做好 DB 文件及交易记录备份工作。			
		公司全称： 负责人签字： 盖章（公章）： 日期：	

图4-11 说明承诺书模板

第五节 工程结算与决算

130. 充换电设施建设工程结算是什么？

充换电设施项目工程结算，是指对工程发承包合同价款进行约定和依据合同约定进行工程预付款、工程进度款、工程竣工价款结算的活动。工程结算范围包括工程建设全过程中的建筑工程费、安装工程费、设备购置费和其他费用等。工程结算遵循“合法、平等、诚信”的原则，遵守国家有关法律、法规、规章和公司有关规定，严格执行合同约定。

131. 充换电设施建设工程决算是什么？

充换电设施建设工程竣工决算管理是工程全过程财务管理的重要组成部分，财务部牵头组织开展工程决算工作，工程竣工决算管理核心和载体是工程竣工决算报告。

充换电设施建设工程竣工决算报告是综合反映工程建设时间、投资情况、工程概（预）算执行情况、建设成果和财务状况的总结性文件，是正确核定新增资产价值的主要依据，是考核工程概（预）算执行情况的重要依据。

132. 如何开展充换电设施建设工程结算与决算工作？

充换电设施建设工程竣工验收通过 10 个工作日内（限上项目 15 个工作日内），项目单位组织编制项目结算书，整理项目结算资料，开展项目竣工结算工作。

充换电设施建设工程竣工验收后，项目单位应开展招标及合同管理、物资管理、验收管理、工程造价管理等内容的内部核查，并出具核查意见指导整改，核查通过后开展竣工结算、决算工作。

项目结（决）算报告编制完成后，向审计部门提交竣工验收的资料、结（决）算书和相关过程管理资料。项目单位要根据审计意见，督促项目参建单位严格落实、限期整改，并按照审计意见调整工程结算和决算。

项目资金必须严格遵守国家电网公司有关内控规定，在合同约定的使用范围内，按照项目实际进度结算和支付。项目单位在申请支付项目质保金时，须向财务部门提交验收意见和质量保证金返还意见书，经审核合格以后，方可办理付款手续。

133. 充换电设施建设工程结算书包括哪些内容？

充换电设施建设工程应逐项单独编制竣工结算书，竣工结算书应至少包括以下内容：

（1）项目名称、编制单位、编制日期、编制人、审核人及执业印章、负责人印章等。

（2）项目结算编制说明（包括项目概况、结算编制原则和依据等）。

（3）项目结算表。

第六节　项目审计

134. 充换电设施建设项目审计包括哪些内容？

充换电设施建设项目审计范围涵盖工程内部控制和建设管理全过程，主要包括投资立项、勘察设计、招投标管理、合同管理、物资管理、工程实施、工程造价、财务管理、竣工验收、竣工决算和后评价等环节。

135. 充换电设施建设项目审计报告应包括哪些内容？

充换电设施建设项目现场审计工作结束后，以经过核实的审计证据为依据，形成审计结论与建议，出具审计报告。审计报告重点包括项目基本情况、项目建设管理情况、审计发现主要问题及处理意见、审计评价和审计建议等方面内容。

第七节 财务转资

136. 国家电网有限公司对充换电设施建设工程项目资金财务入账有何管理要求？

原则上，国家电网有限公司综合计划安排的当年充换电设施建设工程项目资金不做跨年结转，财务入账手续应在工程建设年度内完成。及时开展充电设施建设工程项目资金财务入账是国家电网有限公司依法治企的要求，是国有资产保值增值的保证，也是提升国家电网有限公司发展品质的需要。项目单位应认真开展项目资金入账工作，进一步提升资源投入的效率和效益，保证国家电网有限公司资源投入落到实处，促进国家电网有限公司持续健康发展。

137. 充换电设施建设工程固定资产转资工作是什么？有何工作要求？

充换电设施建设工程固定资产转资是工程建设由竣工转入到固定资产核算与管理使用中的一个重要环节，关系到固定资产投入使用后折旧费的提取、企业日常成本核算和经营效益的确定。

各级单位应重视转资工作，将工程竣工决算、固定资产转资作为工程建设的延续，并纳入对相关部门和员工的业绩考核内容，应遵循“统一管理、分级负责，全程管控、全面审批”的原则，在工程竣工验收合格 2 个月内，整理工程结算报告以及相关采购合同、发票等报销凭据，办理工程成本入账手续，完成工程决算和固定资产转资工作，妥善保管资产管理档案，并开展充电设施资产全寿命周期管理。

138. 如何加快充换电设施建设工程固定资产转资工作?

（1）加快竣工验收工作，这是编制竣工决算的前提，竣工验收工作从项目立项开始，贯穿至竣工验收结束的项目建设全过程。

（2）加强与施工单位结算管理，对固定资产达到预定可使用状态，经验收合格，要及时办理转资。

（3）对建设完成的资产进行细分，根据设备类、建筑物（构筑物）类等资产的性质和特点，合理确定资产价值并及时转资。

（4）建立资产的列示原则和资产建筑、安装工程费、其他费的确认和分配标准，并加强实物资产的管理。

第八节　工程档案管理

139. 如何做好充电设施工程档案管理工作?

充电设施项目档案是项目整体情况的客观反映，是项目检查、评价、审计、运行、维护、改造等工作的重要基础和依据。项目单位应建立完整规范的充电设施项目档案，确保项目档案的客观、完整和准确。项目档案归档工作应按照国家电网有限公司关于档案管理规范的有关规定，由项目单位具体负责。项目管理部门在项目建设过程中应同步做好项目文件材料的收集整理工作，项目竣工后 3 个月内完成文件材料归档，并移交有关档案管理部门管理。

140. 充换电设施建设工程应归档哪些资料？

充换电设施建设项目文件归档应做到“一项一档”，归档文件应包括：

（1）项目可行性研究报告、评审意见及批复文件；项目及资金计划批文。

（2）初步设计（施工图设计）或建设方案及批复文件（含设备技术条件书、概预算书）。

（3）项目设计、施工、监理、设备材料等招投标文件及相应合同文本（附施工安全协议）。

（4）施工前期文件（包括开工申请单、施工方案及审批、物资领料单等资料）。

（5）施工过程文件（包括设备到货验收记录、安装调试记录、隐蔽工程记录、实验报告、原材料质量证明、设计变更、监理文件等资料）。

（6）工程竣工文件（包括竣工验收申请表、竣工验收单、竣工图纸、竣工验收报告、竣工移交记录、相关设备文件）。

（7）项目合同结算审核单、工程量汇总表、项目结（决）算报告、预付款结算付款凭证（复印件）、进度款结算付款凭证（复印件）发票（复印件）。

（8）后评价报告（根据项目实际情况）。

（9）项目相关的其他文件。

第九节　项目后评价

141. 充换电设施建设项目后评价是什么？评价包括哪些内容？

充换电设施建设项目后评价是对项目技术路线、运行状态、投资收益等实际情况进行的综合分析判断。项目后评价由发展策划部牵头组织，评价内容具体包括：

（1）评价项目的技术可行性、合理性与先进性。

（2）评价项目运行的稳定性、实用性。

（3）评价项目的技术经济指标是否达到了预期目标或达到目标的程度。

（4）评价项目的投资收益、管理效益和社会综合效益情况。

142. 充换电设施建设项目后评估报告有何意义？如何处理报告中提出的问题？

充换电设施项目后评价具有透明性和公开性，能客观、公正地评价项目活动成绩和失误的主客观原因，比较公正地、客观地确定项目决策者、管理者和建设者的工作业绩和存在的问题，从而进一步提高责任心和工作水平。

项目单位对评价报告中提出的问题，应及时采取相应的补救措施，认真分析原因、总结经验教训，提出改进措施，提高后续项目决策的科学水平。对项目投入运营中出现的问题进行整改，提高投资效益。

第十节　废旧物资管理

143. 废旧物资管理的概念是什么？

废旧物资指已办理固定资产报废手续的物资、已办理流动资产报废手续的库存物资、已办理非固定资产报废手续属于列卡登记的低值易耗品、废弃材料以及零配件等。

废旧物资管理是指废旧物资的实物移交、存储、销售和资金回收等业务管理以及退运可再利用物资管理工作。

144. 充换电设施报废和处置流程是什么？

充换电设施的退役和报废须组织报废物资的技术鉴定，经营销专业管理部门的审批，取得合格的报废手续后，方可进行处置。废旧充换电设施应按照“统一管理、集中处置”的原则，报废物资处置统一纳入电子商务平台，集中实施网上竞价。废旧产品处置资金管理执行“收支两条线”原则，废旧物资处置后销售资金由处置单位及时收回，并交财务部门入账；废旧物资拆除和周转阶段涉及的费用应列入项目预算，在废旧物资处置过程中发生的处置服务费应据实列支。各级单位对退运可再利用充换电设施应建立台账，妥善保管，以备调拨和再利用。